水利工程建设项目管理总承包(PMC)工程质量验收评定资料表格模板与指南

（中册）

朱国强　孔庆峰　刘建超　沈家正　宋　涛　吴文仕　孔德尧　　著
曹　阳　于　茂　朱学英　陈海波　孟宪伟　殷道军　黄　茜

黄河水利出版社

·郑州·

图书在版编目(CIP)数据

水利工程建设项目管理总承包(PMC)工程质量验收
评定资料表格模板与指南:上、中、下册/王腾飞等著.
—郑州:黄河水利出版社,2021.9
ISBN 978-7-5509-3117-6

Ⅰ.①水… Ⅱ.①王… Ⅲ.①水利工程-承包工程-
工程质量-工程验收-表格 Ⅳ.①TV 512-62

中国版本图书馆 CIP 数据核字(2021)第194415号

出 版 社:黄河水利出版社　　　　　　　　　　　　　网址:www.yrcp.com
　　　　地址:河南省郑州市顺河路黄委会综合楼 14 层　　邮政编码:450003
发行单位:黄河水利出版社
　　　　发行部电话:0371-66026940、66020550、66028024.66022620(传真)
　　　　E-mail:hhslcbs@ 126. com
承印单位:广东虎彩云印刷有限公司
开本:787 mm×1 092 mm　1/16
印张:90
字数:1800 千字
版次:2021 年 10 月第 1 版　　　　　　　　　　　印次:2021 年 10 月第 1 次印刷

定价(上、中、下三册):298.00 元

序　言

随着我国改革开放的进一步深入,在国际形势的影响下,项目建设管理模式也发生了一些变化。究其发生重大改变的原因,主要是随着社会经济的不断发展,项目建设规模不断加大,复杂性也随之增加;而就企业本身的管理资源现状而言,不能完全达到项目建设管理的需求和目标。PMC 全称为 Project Management Contractor,是指项目管理承包商不直接参与项目的设计、采购、施工和试运行等阶段的具体工作,代表业主对工程项目进行全过程、全方位的项目管理,这种模式是国际上较为流行的一种对项目进行管理的模式。为此,PMC 作为一种新型的工程建设项目管理和承包模式应运而生,并且经过近些年的发展已日臻完善。水利建设项目具有规模大、周期长、技术含量高、涉及专业广、不确定因素多、风险大等特点,PMC 项目管理模式在众多大中型水利项目建设中也得到广泛采用。

质量控制是 PMC 项目管理的关键工作之一,其基础工作——施工质量的检验与评定显得尤为重要。目前水利工程施工质量评定分为单元工程、分部工程、单位工程和项目工程四级进行,单元工程质量评定作为水利工程施工质量检验与评定的基础环节,其工作质量决定了工程质量控制及分部工程、单位工程和项目工程质量的评定结果。单元工程质量评定中,质量评定标准是评定工作的前提和依据,主要包括两个方面:一是评定规范、评定标准中确定的原则(含评定程序),即主控项目、一般项目,合格、优良标准的确定等;在质量评定过程中一定要做到同一工程项目标准要明确,统一。二是质量标准的确定,质量标准既有施工规范、评定标准的要求,也有设计和合同中约定的技术指标(参数)。

作为单元工程质量评定工作的载体,评定表格的设计和填写直接影响和决定最终的评定结果。例如,百色水库灌区工程涉及的施工规范和验收评定标准不仅包含水利水电工程的,还包含房屋建筑工程、市政工程、输电线路工程、公路工程、园林绿化工、水保工程和通信工程的,而且随着新的施工规范和验收标准的出台,2016 年水利部建设与管理司发布的《水利水电工程单元工程施工质量验收评定表及填表说明》(上、下册)远远不能满足百色水库灌区工程单元工程施工质量检验与评定的需要。中水北方勘测设计研究有限责任公司作为百色水库灌区工程的项目管理总价承包单位(PMC),为了加强百色水库灌区工程的建设质量管理,保证工程施工质量,统一施工质量检验和评定标准,使施工质量检验和评定工作标准化、规范化,依托中水北方勘测设计研究有限责任公司的技术优势,组织相关专业人员,依据相关国家和行业现行施工规范和验收标准、设计指标及合同约定,并结合工程实际需要,编制了《广西桂西北治旱百色水库灌区工程管理标准——施工质量验评表格汇总》,为PMC项目管理模式提供了一套规范质量评定用表,使项目管理规范化、标准化,提升了项目档案管理水平。

作为PMC项目管理模式系列管理标准之一,本套表格已在铜仁市大兴水利枢纽工程、拉萨市拉萨河河势控导工程(滨江花园段)等多个水利工程项目建设中应用,效果良好,其中铜仁市大兴水利枢纽工程的工程档案被评为优等。

本套表格编写过程中仍存在表格不全问题,本书中未收录的表格应按相关规范、质量标准中相应的验评表执行。

本套表格与同行分享,希望能对采用PMC项目管理模式的工程项目规范化、标准化和精细化管理起到引领示范作用,同时也希望得到同行的推广运用和指导。

全书由王腾飞主持著写,总计180万字,分为上、中、下三册。其中,上册约48万字,由王腾飞、宋慈勇、林华虎、张嘉军、寇立屹、刘虎、刘振界、左凤霞著写;中册约70万字,由朱国强、孔庆峰、刘建超、沈家正、宋涛、吴文仕、孙德尧、曹阳、于茂、朱学英、陈海波、孟宪伟、殷道军、黄茜著写;下册约62万字,由王浏刘、李长春、朱金成、王冰蕾、郭巍巍、耿庆柱、杜剑葳、王美、葛现勇、韩念山、黄晶纯、主秋丽、宋冬生、刘文志、刘璐、王达、袁帅、王庆斌、尹纪华、夏强强著写。

作　者

2021 年 9 月

目 录

第3部分　混凝土工程验收评定表

第6部分　水工金属结构安装工程验收表

第7部分 泵站设备安装工程验收评定表

第8部分 发电电气设备安装工程验收评定表

第9部分 升压变电电气设备安装工程验收评定表

第 10 部分　信息自动化工程验收评定表

第 11 部分　管道工程验收评定表

第 12 部分　公路工程验收评定表

第 13 部分　房屋建筑工程验收评定表

第 17 部分　其　他

第6部分

水工金属结构安装工程验收表

第 1 章　压力钢管安装工程

表 6101　压力钢管单元工程安装质量验收评定表

_____工程

表 6101　压力钢管单元工程安装质量验收评定表

单位工程名称			单元工程量		
分部工程名称			安装单位		
单元工程名称、部位			评定日期		

项次	验收项目	主控项目(个)		一般项目(个)	
		合格数	其中优良数	合格数	其中优良数
1	管节安装				
2	焊缝外观质量				
3	焊缝内部质量				
4	表面防腐蚀				
	小计				

安装单位自评意见	各项报验资料符合规定,检验项目全部合格,检验项目优良率为_____%,其中主控项目优良率为_____%。 单元工程安装质量等级评定为:_____。 　　　　　　　　　　　　　　　(签字,加盖公章)　　　　年　月　日
监理单位意见	各项报验资料符合规定,检验项目全部合格,检验项目优良率为_____%,其中主控项目优良率为_____%。 单元工程安装质量等级评定为:_____。 　　　　　　　　　　　　　　　(签字,加盖公章)　　　　年　月　日

注:1.主控项目和一般项目中的合格数指达到合格及其以上质量标准的项目个数。

2.优良项目占全部项目百分率 $=\dfrac{主控项目优良数+一般项目优良数}{检验项目总数}\times100\%$。

表 6101.1　管节安装质量检查表

编号：＿＿＿＿＿＿＿＿

分部工程名称		单元工程名称	
安装部位及管节编号		安装内容	
安装单位		开/完工日期	

项次		检验项目	质量要求								实测值	合格数	优良数	质量等级
			合格				优良							
			$D \leqslant 2\,000$	$2\,000 < D \leqslant 5\,000$	$5\,000 < D \leqslant 8\,000$	$D > 8\,000$	$D \leqslant 2\,000$	$2\,000 < D \leqslant 5\,000$	$5\,000 < D \leqslant 8\,000$	$D > 8\,000$				
主控项目	1	始装节管口里程(mm)	±5				±4							
	2	始装节管口中心(mm)	5				4							
	3	始装节两端管口垂直度(mm)	3				3							
	4	钢管圆度(mm)	$\dfrac{5D}{1\,000}$,且不大于 40				$\dfrac{4D}{1\,000}$,且不大于 30							
	5	纵缝对口径向错边量(mm)	任意板厚 δ,不大于 10%δ,且大于 2				任意板厚 δ,不大于 5%δ,且大于 2							
	6	环缝对口径向错边量(mm)	板厚 $\delta \leqslant 30$,不大于 15%δ,且不大于 3				不大于 10%δ,且不大于 3							
			$30 < \delta \leqslant 60$,不大于 10%δ				不大于 5%δ							
			$\delta > 60$,不大于 6				不大于 6							
			不锈钢复合钢板焊缝,任意板厚 δ,不大于 10%δ,且不大于 1.5				不锈钢复合钢板焊缝,任意板厚 δ,不大于 5%δ,且不大于 1.5							

续表 6101.1

项次	检验项目	质量要求								实测值	合格数	优良数	质量等级
		合格				优良							
		$D \leq 2\,000$	$2\,000 < D \leq 5\,000$	$5\,000 < D \leq 8\,000$	$D > 8\,000$	$D \leq 2\,000$	$2\,000 < D \leq 5\,000$	$5\,000 < D \leq 8\,000$	$D > 8\,000$				
一般项目	1	与蜗壳、伸缩节、蝴蝶阀、球阀、岔管连接的管节及弯管起点的管口中心（mm）	6	10	12	12	6	10	12	12			
	2	其他部位管节的管口中心（mm）	15	20	25	30	10	15	20	25			
	3	鞍式支座顶面弧度和样板间隙（mm）	≤2										
	4	滚动支座或摇摆支座的支墩垫板高程和纵、横中心（mm）	±5				±4						
	5	支墩垫板与钢管设计轴线的倾斜（mm）	$\leq \dfrac{2}{1\,000}$										
	6	各接触面的局部间隙（滚动支座和摇摆支座）（mm）	≤0.5										

检查意见：

主控项目共_____项,其中合格_____项,优良_____项,合格率_____%,优良率_____%。

一般项目共_____项,其中合格_____项,优良_____项,合格率_____%,优良率_____%。

检验人：	评定人：	监理工程师：
（签字） 　年　月　日	（签字） 　年　月　日	（签字） 　年　月　日

注：D 为钢管内径,mm;δ 为钢板厚度,mm。

表 6101.2 焊缝外观质量检查表

编号：_____

分部工程名称					单元工程名称			
安装部位					安装内容			
安装单位					开/完工日期			

项次		检验项目	质量要求 合格		实测值	合格数	优良数	质量等级
主控项目	1	裂纹	不允许出现					
	2	表面夹渣(δ 为钢板厚度)(mm)	一类、二类焊缝:不允许; 三类焊缝:深不大于 0.1δ,长不大于 0.3δ,且不大于 10					
	3	咬边(mm)	钢管	一类、二类焊缝:深不大于 0.5; 三类焊缝:深不大于 1				
			钢闸门	一类、二类焊缝:深不大于 0.5;连续咬边长度不大于焊缝总长的 10%,且不大于 100;两侧咬边累计长度不大于该焊缝总长的 15%;角焊缝不大于 20%; 三类焊缝深不大于 1				
	4	表面气孔(mm)	钢管	一类、二类焊缝不允许; 三类焊缝:每米范围内允许直径小于 1.5 的气孔 5 个,间距不小于 20				
			钢闸门	一类焊缝不允许; 二类焊缝:直径不大于 1.0 mm 气孔每米范围内允许 3 个,间距不小于 20; 三类焊缝:直径不大于 1.5 mm 气孔每米范围内允许 5 个,间距不小于 20				
	5	未焊满(mm)		一类、二类焊缝不允许; 三类焊缝:深不大于 $(0.2+0.02)\delta$ 且不大于 1,每 100 mm 焊缝内缺欠总长不大于 25				

_____工程

续表 6101.2

项次		检验项目		质量要求	实测值	合格数	优良数	质量等级
				合格				
一般项目	1	焊缝余高 h(mm)	手工焊	一类、二类/三类(仅钢闸门)焊缝: $\delta \leq 12$ $\Delta h = (0\sim1.5)/(0\sim2)$ $12<\delta\leq25$ $\Delta h=(0\sim2.5)/(0\sim3)$ $25<\delta\leq50$ $\Delta h=(0\sim3)/(0\sim4)$ $\delta>50$ $\Delta h=(0\sim4)/(0\sim5)$				
			自动焊	$(0\sim4)/(0\sim5)$				
	2	对接焊缝宽度 Δb(mm)	手工焊	盖过每边坡口宽度 $1\sim2.5$,且平缓过渡				
			自动焊	盖过每边坡口宽度 $2\sim7$,且平缓过渡				
	3	飞溅		不允许出现(高强钢、不锈钢此项作为主控项目)				
	4	电弧擦伤		不允许出现(高强钢、不锈钢此项作为主控项目)				
	5	焊瘤		不允许出现				
	6	角焊缝焊脚高 K(mm)	手工焊	$K<12$, $\Delta K=0\sim2$; $K\geq12$, $\Delta K=0\sim3$				
			自动焊	$K<12$, $\Delta K=0\sim2$; $K\geq12$, $\Delta K=0\sim3$				
	7	端部转角		连续绕角施焊				

检查意见:

主控项目共_____项,其中合格_____项,优良_____项,合格率_____%,优良率_____%。

一般项目共_____项,其中合格_____项,优良_____项,合格率_____%,优良率_____%。

检验人: (签字) 年 月 日	评定人: (签字) 年 月 日	监理工程师: (签字) 年 月 日

注:手工焊是指焊条电弧焊、CO_2 半自动气保焊、自保护药芯半自动焊以及手工 TIG 焊等;而自动焊是指埋弧自动焊、MAG 自动焊、MIG 自动焊等。

_____工程

表 6101.3　焊缝内部质量检查表

编号：_____

分部工程名称			单元工程名称				
安装部位			安装内容				
安装单位			开/完工日期				
项次		检验项目	质量要求		实测值	合格数	优良数	质量等级
			合格	优良				
主控项目	1	射线探伤	一类焊缝不低于Ⅱ级合格，二类焊缝不低于Ⅲ级合格	一次合格率不低于90%				
	2	超声波探伤	一类焊缝不低于Ⅰ级合格，二类焊缝不低于Ⅱ级合格	一次合格率不低于95%				
	3	磁伤探伤	一类、二类焊缝不低于Ⅱ级合格	一次合格率不低于95%				
	4	渗透探伤	一类、二类焊缝不低于Ⅱ级合格	一次合格率不低于95%				
检查意见： 　　主控项目共_____项,其中合格_____项,优良_____项,合格率_____%,优良率_____%。								
检验人： （签字） 年　月　日			评定人： （签字） 年　月　日		监理工程师： （签字） 年　月　日			

注:1.射线探伤一次合格率为: $\dfrac{合格底片(张)}{拍片总数(张)} \times 100\%$。

　　2.其余探伤一次合格率为: $\dfrac{合格焊缝总长度(m)}{所检焊缝总长度(m)} \times 100\%$。

　　3.当焊缝长度小于200 mm时,按实际焊缝长度检测。

_____工程

表 6101.4 表面防腐蚀质量检查表

编号：_____

分部工程名称					单元工程名称				
安装部位					安装内容				
安装单位					开/完工日期				

项次		检验项目		质量要求		实测值	合格数	优良数	质量等级
				合格	优良				
主控项目	1	钢管表面清除		管壁临时支撑割除,焊疤清除干净	管壁临时支撑割除,焊疤清除干净并磨光				
	2	钢管局部凹坑焊补		凡凹坑深度大于板厚 10% 或大于 2.0 mm 应焊补	凡凹坑深度大于板厚 10% 或大于 2.0 mm 应焊补并磨光				
	3	灌浆孔堵焊		堵焊后表面平整,无渗水现象					
一般项目	1	表面预处理		明管内外壁和埋管内壁用压缩空气喷砂或喷丸除锈,除锈清洁度等级应达到《涂装前钢材表面锈蚀等级和除锈等级》GB 8923 中规定的 Sa2 $\frac{1}{2}$ 级;表面粗糙度对非厚浆型涂料应达到 Rz40~Rz70 μm,对厚浆型涂料及金属热喷涂为 Rz60~Rz100 μm。埋管外壁经喷射或抛射除锈后,采用改性水泥浆防腐蚀除锈等级不低于 Sa1 级。					
	2	涂料涂装	外观检查	表面光滑、颜色均匀一致,无皱纹、起泡、流挂、针孔、裂纹、漏涂等缺欠					
	3		涂层厚度	85%以上的局部厚度应达到设计文件规定厚度,漆膜最小局部厚度应不低于设计文件规定厚度的 85%					
	4		针孔	厚浆型涂料,按规定的电压值检测针孔,发现针孔,用砂纸或弹性砂轮片打磨后补涂					

续表 6101.4

项次		检验项目	质量要求		实测值	合格数	优良数	质量等级
			合格	优良				
一般项目	涂料涂装	附着力	5 涂膜厚度大于250 μm	在涂膜上划两条夹角为60°切割线,应划透至基底,用透明压敏胶粘带粘牢划口部分,快速撕起胶带,涂层应无剥落				
			6 涂膜厚度不大于250 μm	用划格法检查(0～60 μm,刀口间距1 mm;61～120 μm,刀口间距2 mm;121～250 μm,刀口间距3 mm),涂层沿切割边缘或切口交叉处脱落明显大于5%,但受影响明显不大于15%	切割的边缘完全平滑,无一格脱落,或在切割交叉处涂层有少许薄片分离,划格区受影响明显地不大于5%				
	金属喷涂	7 外观检查	表面均匀,无金属熔融粗颗粒、起皮、鼓泡、裂纹、掉块及其他影响使用的缺陷					
		8 涂层厚度	最小局部厚度不小于设计文件规定厚度					
		9 结合性能	胶带上有破断的涂层粘附,但基底未裸露	涂层的任何部位都未与基体金属剥离				

检查意见:

主控项目共_____项,其中合格_____项,优良_____项,合格率_____%,优良率_____%。

一般项目共_____项,其中合格_____项,优良_____项,合格率_____%,优良率_____%。

检验人:	评定人:	监理工程师:
(签字) 年 月 日	(签字) 年 月 日	(签字) 年 月 日

第 2 章 平面闸门安装工程

_____工程

表6201 平面闸门埋件单元工程安装质量验收评定表

单元工程名称		单元工程量	
分部工程名称		安装单位	
单元工程名称、部位		评定日期	

项次	项目	主控项目(个)		一般项目(个)	
		合格数	其中优良数	合格数	其中优良数
1	平面闸门底槛安装				
2	平面闸门门楣安装				
3	平面闸门主轨安装				
4	平面闸门侧轨安装				
5	平面闸门反轨安装				
6	平面闸门止水板安装				
7	平面闸门护角兼作侧轨安装				
8	平面闸门胸墙安装				
9	焊缝外观质量(见表6101.2)				
10	焊缝内部质量(见表6101.3)				
11	表面防腐蚀质量(见表6101.4)				
安装单位自评意见	各项报验资料符合规定。检验项目全部合格。检验项目优良率为_____%.其中主控项目优良率为_____%。 单元工程安装质量等级评定为:_____。 <div align="right">(签字,加盖公章) 年 月 日</div>				
监理单位复核意见	各项报验资料符合规定。检验项目全部合格。检验项目优良率为_____%.其中主控项目优良率为_____%。 单元工程安装质量等级评定为:_____。 <div align="right">(签字,加盖公章) 年 月 日</div>				

注:1.主控项目和一般项目中的合格数指达到合格及其以上质量标准的项目个数。

2.优良项目占全部项目百分率=$\dfrac{主控项目优良数+一般项目优良数}{检验项目总数}$×100%。

3.胸墙下部系指和门楣结合处。

4.门楣工作范围高度:静水启闭闸门为孔口高;动水启闭闸门为承压主轨高度。

·247·

_____工程

表 6201.1　平面闸门底槛安装质量检查表

编号：_____

分部工程名称			单元工程名称	
安装部位			安装内容	
安装单位			开/完工日期	

项次		检验项目		质量要求	实测值	合格数	优良数	质量等级
主控项目	1	对门槽中心线 a(mm)	工作范围内	±5.0				
	2	对孔口中心线 b(mm)	工作范围内	±5.0				
	3	工作表面一端对加一端的高差（L 为闸门宽度,mm）	$L<10\,000$	2.0				
			$L\geqslant10\,000$	3.0				
	4	工作表面平面度（mm）	工作范围内	2.0				
	5	工作表面组合处的错位（mm）	工作范围内	1.0				
	6	表面扭曲值 f（mm）	工作范围内表面宽度 B（mm） $B<100$	1.0				
			$B=100\sim200$	1.5				
			$B>200$	2.0				
一般项目	1	高程(mm)		±5.0				

检查意见：
　　主控项目共_____项,其中合格_____项,优良_____项,合格率_____%,优良率_____%。
　　一般项目共_____项,其中合格_____项,优良_____项,合格率_____%,优良率_____%。

检验人： （签字） 年　月　日	评定人： （签字） 年　月　日	监理工程师： （签字） 年　月　日

表 6201.2 平面闸门门楣安装质量检查表

编号:_____

分部工程名称		单元工程名称	
安装部位		安装内容	
安装单位		开/完工日期	

项次	检验项目		质量要求		实测值	合格数	优良数	质量等级
主控项目	1	对门槽中心线 a(mm)	工作范围内	+2.0 −1.0				
	2	门楣中心对底槛面的距离 h(mm)		±3.0				
	3	工作表面平面度(mm)	工作范围内	2.0				
	4	工作表面组合处的错位(mm)	工作范围内	0.5				
	5	表面扭曲值 f(mm)	工作范围内表面宽度 B(mm)	$B<100$ 1.0				
				$B=100\sim200$ 1.5				

检查意见:
  主控项目共_____项,其中合格_____项,优良_____项,合格率_____%,优良率_____%。

检验人:	评定人:	监理工程师:
(签字) 年 月 日	(签字) 年 月 日	(签字) 年 月 日

________________工程

表 6201.3　平面闸门主轨安装质量检查表

编号：______________

分部工程名称		单元工程名称	
安装部位		安装内容	
安装单位		开/完工日期	

项次		检验项目			质量要求		实测值	合格数	优良数	质量等级
					加工	不加工				
主控项目	1	对门槽中心线 a(mm)		工作范围内	+2.0 −1.0	+3.0 −1.0				
	2	对孔口中心线 b(mm)		工作范围内	±3.0	±3.0				
	3	工作表面平面度(mm)		工作范围内	—	2.0				
	4	工作表面组合处的错位(mm)		工作范围内	0.5	1.0				
	5	表面扭曲值 f(mm)	工作范围内表面宽度 B(mm)	B<100	0.5	1.0				
				B=100~200	1.0	2.0				
				B>200	1.0	2.0				
一般项目	1	对门槽中心线 a(mm)		工作范围外	+3.0 −1.0	+5.0 −2.0				
	2	对孔口中心线 b(mm)		工作范围外	±4.0	±4.0				
	3	工作表面平面度(mm)		工作范围外	1.0	2.0				
	4	表面扭曲值 f(mm)		工作范围外允许增加值	2.0	2.0				

检查意见：

主控项目共______项，其中合格______项，优良______项，合格率______%，优良率______%。

一般项目共______项，其中合格______项，优良______项，合格率______%，优良率______%。

检验人：	评定人：	监理工程师：
（签字） 年　月　日	（签字） 年　月　日	（签字） 年　月　日

_____工程

表 6201.4　平面闸门侧轨安装质量检查表

编号：_____

分部工程名称				单元工程名称				
安装部位				安装内容				
安装单位				开/完工日期				

项次		检验项目		质量要求	实测值	合格数	优良数	质量等级
主控项目	1	对门槽中心线 a(mm)	工作范围内	±5.0				
	2	对孔口中心线 b(mm)	工作范围内	±5.0				
	3	工作表面组合处的错位（mm）	工作范围内	1.0				
	4	表面扭曲值 f(mm)	工作范围内表面宽度 B(mm)	$B<100$	2.0				
			$B=100\sim200$	2.5				
			$B>200$	3.0				
一般项目	1	对门槽中心线 a(mm)	工作范围外	±5.0				
	2	对孔口中心线 b(mm)	工作范围外	±5.0				
	3	工作表面组合处的错位（mm）	工作范围外	2.0				
	4	表面扭曲值 f(mm)	工作范围外允许增加值（mm）	2.0				

检查意见：
主控项目共_____项,其中合格_____项,优良_____项,合格率_____%,优良率_____%。
一般项目共_____项,其中合格_____项,优良_____项,合格率_____%,优良率_____%。

检验人：	评定人：	监理工程师：
（签字） 年 月 日	（签字） 年 月 日	（签字） 年 月 日

_____工程

表 6201.5 平面闸门反轨安装质量检查表

编号：_____

分部工程名称				单元工程名称				
安装部位				安装内容				
安装单位				开/完工日期				

项次		检验项目		质量要求	实测值	合格数	优良数	质量等级
主控项目	1	对门槽中心线 a(mm)	工作范围内	+3.0 −1.0				
	2	对孔口中心线 b(mm)	工作范围内	±3.0				
	3	工作表面组合处的错位（mm）	工作范围内	1.0				
	4	表面扭曲值 f(mm)	工作范围内表面宽度 B(mm) $B<100$	2.0				
			$B=100\sim200$	2.5				
			$B>200$	3.0				
一般项目	1	对门槽中心线 a(mm)	工作范围外	+5.0 −2.0				
	2	对孔口中心线 b(mm)	工作范围外	±5.0				
	3	工作表面组合处的错位（mm）	工作范围外	2.0				
	4	表面扭曲值 f(mm)	工作范围外允许增加值	2.0				

检查意见：

主控项目共_____项,其中合格_____项,优良_____项,合格率_____%,优良率_____%。

一般项目共_____项,其中合格_____项,优良_____项,合格率_____%,优良率_____%。

检验人： （签字） 年 月 日	评定人： （签字） 年 月 日	监理工程师： （签字） 年 月 日

_____工程

表 6201.6 平面闸门止水板安装质量检查表

编号：_____

分部工程名称				单元工程名称			
安装部位				安装内容			
安装单位				开/完工日期			

项次		检验项目		质量要求	实测值	合格数	优良数	质量等级
主控项目	1	对门槽中心线 a(mm)	工作范围内	+2.0 −1.0				
	2	对孔口中心线 b(mm)	工作范围内	±3.0				
	3	工作表面平面度(mm)	工作范围内	2.0				
	4	工作表面组合处的错位(mm)	工作范围内	0.5				
	5	表面扭曲值 f(mm)	工作范围内表面宽度 B(mm)	$B<100$	1.0			
				$B=100\sim200$	1.5			
				$B>200$	3.0			
一般项目	1	工作范围外允许增加值(mm)		2.0				

检查意见：

    主控项目共_____项,其中合格_____项,优良_____项,合格率_____%,优良率_____%。

    一般项目共_____项,其中合格_____项,优良_____项,合格率_____%,优良率_____%。

检验人： （签字） 年　月　日	评定人： （签字） 年　月　日	监理工程师： （签字） 年　月　日

·253·

_____工程

表 6201.7 平面闸门护角兼作侧轨安装质量检查表

编号：_____

分部工程名称			单元工程名称	
安装部位			安装内容	
安装单位			开/完工日期	

项次		检验项目		质量要求	实测值	合格数	优良数	质量等级
主控项目	1	对门槽中心线 a(mm)		工作范围内	±5.0			
	2	对孔口中心线 b(mm)		工作范围内	±5.0			
	3	工作表面组合处的错位（mm）		工作范围内	1.0			
	4	表面扭曲值 f(mm)	工作范围内表面宽度 B(mm)	$B<100$	2.0			
				$B=100\sim200$	2.5			
				$B>200$	3.0			
一般项目	1	对门槽中心线 a(mm)		工作范围外	±5.0			
	2	对孔口中心线 b(mm)		工作范围外	±5.0			
	3	工作表面组合处的错位（mm）		工作范围外	2.0			
	4	表面扭曲值 f(mm)		工作范围外允许增加值(mm)	2.0			

检查意见：

  主控项目共_____项,其中合格_____项,优良_____项,合格率_____%,优良率_____%。

  一般项目共_____项,其中合格_____项,优良_____项,合格率_____%,优良率_____%。

检验人：	评定人：	监理工程师：
（签字） 年 月 日	（签字） 年 月 日	（签字） 年 月 日

_____工程

表 6201.8　平面闸门胸墙安装质量检查表

编号：_____

分部工程名称		单元工程名称	
安装部位		安装内容	
安装单位		开/完工日期	

项次		检验项目		质量要求				实测值	合格数	优良数	质量等级
主控项目	1	对门槽中心线 a(mm)	工作范围内	+5.00	+2.0 -1.0	+8.0 -1.0	+2.0 -1.0				
	2	工作表面平面度(mm)	工作范围内	2.0	2.0	4.0	4.0				
	3	工作表面组合处的错位(mm)	工作范围内	1.0	1.0	1.0	1.0				

检查意见：
　　主控项目共_____项,其中合格_____项,优良_____项,合格率_____%,优良率_____%。

检验人：	评定人：	监理工程师：
（签字） 年　月　日	（签字） 年　月　日	（签字） 年　月　日

_____工程

表 6202 平面闸门门体单元工程安装质量验收评定表

单元工程名称		单元工程量	
分部工程名称		安装单位	
单元工程名称、部位		评定日期	

项次	项目	主控项目(个)		一般项目(个)	
		合格数	其中优良数	合格数	其中优良数
1	平面闸门门体安装				
2	焊缝外观质量(见表6101.2)				
3	焊缝内部质量(见表6101.3)				
4	表面防腐蚀质量(见表6101.4)				
	试运行效果				

安装单位自评意见	各项报验资料符合规定。检验项目全部合格。检验项目优良率为_____%.其中主控项目优良率为_____%。 单元工程安装质量等级评定为:_____。 (签字,加盖公章) 年 月 日
监理单位复核意见	各项报验资料符合规定。检验项目全部合格。检验项目优良率为_____%.其中主控项目优良率为_____%。 单元工程安装质量等级评定为:_____。 (签字,加盖公章) 年 月 日

注:1.主控项目和一般项目中的合格数指达到合格及其以上质量标准的项目个数。

2.优良项目占全部项目百分率 $=\dfrac{主控项目优良数+一般项目优良数}{检验项目总数}\times100\%$。

_____工程

表 6202.1　平面闸门门体安装质量检查表

编号：_____

分部工程名称			单元工程名称	
安装部位			安装内容	
安装单位			开/完工日期	

项次		部位	检验项目	质量要求		实测值	合格数	优良数	质量等级
				合格	优良				
主控项目	1	反向滑块	反向支撑装置至正向支承装置的距离(反向支撑装置自由状态)(mm)	±2.0	+2.0 −1.0				
	2	焊缝对口错边	焊缝对口错边(任意板厚δ)(mm)	≤10%δ,且不大于2.0	≤5%δ,且不大于2.0				
	3	止水橡皮	止水橡皮顶面平度(mm)	2.0					
	4		止水橡皮与滚轮或滑道面距离(mm)	±1.5	±1.0				
一般项目	1	表面清除和凹坑焊补	门体表面清除	焊疤清除干净	焊疤清除干净并磨光				
	2		门体局部凹坑焊补	凡凹坑深度大于板厚10%或大于2.0mm应焊补	凡凹坑深度大于板厚10%或大于2.0mm应焊补并磨光				
	3	止水橡皮	两侧止水中心距离和顶止水中心至底止水底缘距离(mm)	±3.0					
	4		止水橡皮实际压缩量和设计压缩量之差(mm)	+2.0 −1.0					

检查意见：

　主控项目共_____项,其中合格_____项,优良_____项,合格率_____%,优良率_____%。

　一般项目共_____项,其中合格_____项,优良_____项,合格率_____%,优良率_____%。

检验人：	评定人：	监理工程师：
（签字） 年　月　日	（签字） 年　月　日	（签字） 年　月　日

注:止水橡皮应用专用空心钻头掏孔,严禁烫孔、冲孔。

第3章 弧形闸门安装工程

_____工程

表 6301 弧形闸门埋件单元工程安装质量验收评定表

单元工程名称		单元工程量	
分部工程名称		安装单位	
单元工程名称、部位		评定日期	

项次	项目	主控项目(个)		一般项目(个)	
		合格数	其中优良数	合格数	其中优良数
1	弧形闸门底槛安装				
2	弧形闸门门楣安装				
3	弧形闸门侧止水板安装				
4	弧形闸门侧轮导板安装				
5	弧形闸门铰座钢梁及其相关埋件安装				
6	焊缝外观质量(见表6101.2)				
7	焊缝内部质量(见表6101.3)				
8	表面防腐蚀质量(见表6101.4)				
安装单位自评意见	各项报验资料符合规定。检验项目全部合格。检验项目优良率为_____%.其中主控项目优良率为_____%。 单元工程安装质量等级评定为:_____。 (签字,加盖公章)　　年　月　日				
监理单位复核意见	各项报验资料符合规定。检验项目全部合格。检验项目优良率为_____%.其中主控项目优良率为_____%。 单元工程安装质量等级评定为:_____。 (签字,加盖公章)　　年　月　日				

注:1.主控项目和一般项目中的合格数指达到合格及其以上质量标准的项目个数。

2.优良项目占全部项目百分率=$\frac{主控项目优良数+一般项目优良数}{检验项目总数}$×100%。

3.安装时门楣一般为最后固定,故门楣位置可按门叶实际位置进行调整。

4.工作范围指孔口高度。

_____工程

表 6301.1 弧形闸门底槛安装质量检查表

编号:_____

分部工程名称				单元工程名称				
安装部位				安装内容				
安装单位				开/完工日期				

项次		检验项目		质量要求	实测值	合格数	优良数	质量等级
主控项目	1	对孔口中心线 b(mm)(工作范围内)		±5.0				
	2	工作表面一端对另一端的高差(L 为闸门宽度,mm)	$L<10\ 000$	2.0				
			$L\geqslant 10\ 000$	3.0				
	3	工作表面平面度(mm)		2.0				
	4	工作表面组合处的错位(mm)		1.0				
	5	表面扭曲值 f(mm)	工作范围内表面宽度 B(mm) $B<100$	1.0				
			$B=100\sim 200$	1.5				
			$B>200$	2.0				
一般项目	1	里程(mm)		±5.0				
	2	高程(mm)		±5.0				

检查意见:
  主控项目共_____项,其中合格_____项,优良_____项,合格率_____%,优良率_____%。
  一般项目共_____项,其中合格_____项,优良_____项,合格率_____%,优良率_____%。

检验人:	评定人:	监理工程师:
(签字) 年 月 日	(签字) 年 月 日	(签字) 年 月 日

_____工程

表 6301.2 弧形闸门门楣安装质量检查表

编号：_____

分部工程名称				单元工程名称		
安装部位				安装内容		
安装单位				开/完工日期		

项次		检验项目		质量要求	实测值	合格数	优良数	质量等级
主控项目	1	门楣中心对底槛面的距离 h(mm)		±3.0				
	2	工作表面平面度(mm)		2.0				
	3	工作表面组合处的错位(mm)		0.5				
	4	表面扭曲值 f(mm)	工作范围内表面宽度 B (mm) $B<100$	1.0				
			$B=100\sim200$	1.5				
一般项目	1	里程(mm)		+2.0 −1.0				

检查意见：

    主控项目共_____项,其中合格_____项,优良_____项,合格率_____%,优良率_____%。

    一般项目共_____项,其中合格_____项,优良_____项,合格率_____%,优良率_____%。

检验人： （签字） 年 月 日	评定人： （签字） 年 月 日	监理工程师： （签字） 年 月 日

_____工程

表 6301.3 弧形闸门侧止水板安装质量检查表

编号：_____

分部工程名称		单元工程名称	
安装部位		安装内容	
安装单位		开/完工日期	

项次		检验项目		质量要求		实测值	合格数	优良数	质量等级
				潜孔式	露顶式				
主控项目	1	对孔口中心线 b(mm)（工作范围内）		±2.0	+3.0 -2.0				
	2	工作表面平面度(mm)		2.0	2.0				
	3	工作表面组合处的错位(mm)		1.0	1.0				
	4	侧止水板和侧轮导板中心线的曲率半径(mm)		±5.0	±5.0				
	5	表面扭曲值 f(mm)	工作范围内表面宽度 B(mm)	$B<100$	1.0	1.0				
				$B=100\sim200$	1.5	1.5				
				$B>200$	2.0	2.0				
一般项目	1	对孔口中心线 b(mm)（工作范围外）		+4.0 -2.0	+6.0 -2.0				
	2	表面扭曲值 f(mm)	工作范围外允许增加值(mm)	2.0	2.0				

检查意见：

主控项目共_____项,其中合格_____项,优良_____项,合格率_____%,优良率_____%。

一般项目共_____项,其中合格_____项,优良_____项,合格率_____%,优良率_____%。

检验人： （签字） 年 月 日	评定人： （签字） 年 月 日	监理工程师： （签字） 年 月 日

表 6301.4 弧形闸门侧轮导板安装质量检查表

编号：_____

分部工程名称				单元工程名称				
安装部位				安装内容				
安装单位				开/完工日期				

项次		检验项目			质量要求	实测值	合格数	优良数	质量等级
主控项目	1	对孔口中心线 b(mm)（工作范围内）			+3.0 −2.0				
	2	工作表面平面度(mm)			2.0				
	3	工作表面组合处的错位(mm)			1.0				
	4	侧止水板和侧轮导板中心线的曲率半径(mm)			±5.0				
	5	表面扭曲值 f(mm)	工作范围内表面宽度 B(mm)	$B<100$	2.0				
				$B=100\sim200$	2.5				
				$B>200$	3.0				
一般项目	1	对孔口中心线 b(mm)（工作范围外）			+6.0 −2.0				
	2	表面扭曲值 f(mm)	工作范围外允许增加值(mm)		2.0				

检查意见：
主控项目共_____项，其中合格_____项，优良_____项，合格率_____%，优良率_____%。
一般项目共_____项，其中合格_____项，优良_____项，合格率_____%，优良率_____%。

检验人：	评定人：	监理工程师：
（签字） 年 月 日	（签字） 年 月 日	（签字） 年 月 日

_____工程

表6301.5 弧形闸门铰座钢梁及其相关埋件安装质量检查表

编号：_____

分部工程名称		单元工程名称	
安装部位		安装内容	
安装单位		开/完工日期	

项次		部位	检验项目	质量要求		实测值	合格数	优良数	质量等级
				潜孔式	露顶式				
主控项目	1	铰座钢梁	铰座钢梁里程(mm)	±1.5					
	2		铰座钢梁里程(mm)	±1.5					
	3		铰座钢梁中心对孔口中心距离(mm)	±1.5					
	4		铰座钢梁倾斜度(L为铰座钢梁倾斜的水平投影尺寸,mm)	$L/1\,000$					
	5	埋件	两侧止水板间距离(mm)	+4.0 −3.0	+5.0 −3.0				
	6		两侧轮导板距离(mm)	+5.0 −3.0	+5.0 −3.0				
一般项目	1	铰座钢梁	铰座基础螺栓中心(mm)	1.0					
	2	埋件	底槛中心与铰座中心水平距离(mm)	±4.0	±5.0				
	3		铰座中心和底槛垂直距离(mm)	±4.0	±5.0				
	4		侧止水板中心曲率半径(mm)	±4.0	±6.0				

检查意见：

　　主控项目共_____项,其中合格_____项,优良_____项,合格率_____%,优良率_____%。

　　一般项目共_____项,其中合格_____项,优良_____项,合格率_____%,优良率_____%。

检验人：	评定人：	监理工程师：
（签字） 年　月　日	（签字） 年　月　日	（签字） 年　月　日

· 264 ·

_____工程

表 6302 弧形闸门门体单元工程安装质量验收评定表

单元工程名称		单元工程量	
分部工程名称		安装单位	
单元工程名称、部位		评定日期	

项次	验收项目	主控项目(个)		一般项目(个)	
		合格数	其中优良数	合格数	其中优良数
1	弧形闸门门体安装				
2	焊缝外观质量(见表6101.2)				
3	焊缝内部质量(见表6101.3)				
4	表面防腐蚀质量(见表6101.4)				
	试运行效果				
安装单位自评意见	各项试验和单元工程试运行符合要求,各项报验资料符合规定。检验项目全部合格。检验项目优良率为_____%.其中主控项目优良率为_____%。 单元工程安装质量等级评定为:_____。 (签字,加盖公章) 年 月 日				
监理单位复核意见	各项试验和单元工程试运行符合要求,各项报验资料符合规定。检验项目全部合格。检验项目优良率为_____%,其中主控项目优良率为_____%。 单元工程安装质量等级评定为:_____。 (签字,加盖公章) 年 月 日				

注:1.主控项目和一般项目中的合格数指达到合格及其以上质量标准的项目个数。

2.优良项目占全部项目百分率=$\dfrac{主控项目优良数+一般项目优良数}{检验项目总数} \times 100\%$。

表6302.1 弧形闸门门体安装质量检查表

编号：_____

分部工程名称			单元工程名称	
安装部位			安装内容	
安装单位			开/完工日期	

项次		部位	检验项目	质量要求				实测值	合格数	优良数	质量等级
				潜孔式	露顶式	潜孔式	露顶式				
				合格		优良					
主控项目	1	铰座	铰座轴孔倾斜度（l为轴孔宽度，m）	l/1 000		l/1 000					
	2		两铰座轴线同轴度（mm）	1.0		1.0					
	3	焊缝对口错边	焊缝对口错边（任意板厚δ(mm)）	≤10%δ，且不大于2.0		≤5%δ，且不大于2.0					
	4	门体铰轴与支臂	铰轴中心至面板外缘曲率半径R(mm)	±4.0	±8.0	±4.0	±6.0				
	5		两侧曲率半径相对差（mm）	3.0	5.0	3.0	4.0				
	6		支臂中心线与铰链中心线吻合值(mm)	2.0	1.5	2.0	1.5				
一般项目	1	铰座	铰座中心对孔口中心线的距离(mm)	±1.5		±1					
	2		铰座里程(mm)	±2.0		±1.5					
	3		铰座高程(mm)	±2.0		±1.5					
	4	表面清除和凹坑焊补	门体表面清除	焊疤清除干净		焊疤清除干净并磨光					
	5		门体局部凹坑焊补	凡凹坑深度大于板厚10%或大于2.0 mm应焊补		凡凹坑深度大于板厚10%或大于2.0 mm应焊补并磨光					

续表 6302.1

项次	部位	检验项目	质量要求				实测值	合格数	优良数	质量等级
			潜孔式	露顶式	潜孔式	露顶式				
			合格		优良					
一般项目	6	止水橡皮	止水橡皮实际压缩量和设计压缩量之差(mm)	+2.0 −1.0						
	7	门体铰轴与支臂	支臂中心至门叶中心的偏差 L(L 为铰座钢梁倾斜的水平投影尺寸, mm)	±1.5	±1.5	±1.5	±1.5			
	8		支臂两端的连接板和铰链、主梁接触	良好,互相密贴,接触面不小于75%						
	9		抗剪板和连接板接触	顶紧						

检查意见:

主控项目共_____项,其中合格_____项,优良_____项,合格率_____%,优良率_____%。

一般项目共_____项,其中合格_____项,优良_____项,合格率_____%,优良率_____%。

检验人:	评定人:	监理工程师:
(签字) 年 月 日	(签字) 年 月 日	(签字) 年 月 日

第4章 活动拦污栅安装工程

表6401 活动式拦污栅单元工程安装质量验收评定表

_____工程

表 6401　活动式拦污栅单元工程安装质量验收评定表

单元工程名称		单元工程量	
分部工程名称		安装单位	
单元工程名称、部位		评定日期	

项次	验收项目	主控项目(个)		一般项目(个)	
		合格数	其中优良数	合格数	其中优良数
1	活动式拦污栅安装				
	试运行效果				

安装单位自评意见	各项试验和单元工程试运行符合要求,各项报验资料符合规定。检验项目全部合格。检验项目优良率为_____%,其中主控项目优良率为_____%。 单元工程安装质量等级评定为:_____。 （签字,加盖公章）　　　年　月　日
监理单位复核意见	各项试验和单元工程试运行符合要求,各项报验资料符合规定。检验项目全部合格。检验项目优良率为_____%,其中主控项目优良率为_____%。 单元工程安装质量等级评定为:_____。 （签字,加盖公章）　　　年　月　日

注:1.主控项目和一般项目中的合格数指达到合格及其以上质量标准的项目个数。

2.优良项目占全部项目百分率$=\dfrac{主控项目优良数+一般项目优良数}{检验项目总数}\times100\%$。

_____工程

表6401.1 活动式拦污栅安装质量检查表

编号：_____

分部工程名称						单元工程名称			
安装部位						安装内容			
安装单位						开/完工日期			

项次		部位	检验项目	质量要求		实测值	合格数	优良数	质量等级
				合格	优良				
主控项目	1	埋件	主轨对栅槽中心线（mm）	+3.0 −2.0	+3.0 −2.0				
	2		反轨对栅槽中心线（mm）	+5.0 −2.0	+5.0 −2.0				
	3	栅体	栅体间连接	应牢固可靠					
	4		栅体在栅槽内升降	灵活、平稳、无卡阻现象					
一般项目	1	埋件	底槛里程（mm）	±5.0	±4.0				
	2		底槛高程（mm）	±5.0	±4.0				
	3		底槛对孔口中心线（mm）	±5.0	±4.0				
	4		主、反轨对孔口中心线（mm）	±5.0	±4.0				
	5		底槛工作面一端对另一端的高差（mm）	3.0	2.0				
	6		倾斜设置的拦污栅倾斜角度（mm）	±10′	±10′				
	7	各埋件间距离	主、反轨工作面距离（mm）	+7.0 −3.0					
	8		主轨中心距离（mm）	±8.0					
	9		反轨中心距离（mm）	±8.0					

检查意见：

主控项目共_____项，其中合格_____项，优良_____项，合格率_____%，优良率_____%。

一般项目共_____项，其中合格_____项，优良_____项，合格率_____%，优良率_____%。

检验人：	评定人：	监理工程师：
（签字） 年 月 日	（签字） 年 月 日	（签字） 年 月 日

第5章 启闭机安装工程

_____工程

表 6501　大车轨道单元工程安装质量验收评定表

单位工程名称		单元工程量	
分部工程名称		安装单位	
单元工程名称、部位		评定日期	

项次	项目	主控项目(个)		一般项目(个)	
		合格数	其中优良数	合格数	其中优良数
1	大车轨道安装				

安装单位自评意见	各项报验资料符合规定。检验项目全部合格。检验项目优良率为_____%,其中主控项目优良率为_____%。 　　单元工程安装质量等级评定为:_____。 　　　　　　　　　　　　　　　　　　　　(签字,加盖公章)　　　年　月　日
监理单位复核意见	各项报验资料符合规定。检验项目全部合格。检验项目优良率为_____%,其中主控项目优良率为_____%。 　　单元工程安装质量等级评定为:_____。 　　　　　　　　　　　　　　　　　　　　(签字,加盖公章)　　　年　月　日

注:1.主控项目和一般项目中的合格数指达到合格及其以上质量标准的项目个数。

　　2.优良项目占全部项目百分率 $= \dfrac{主控项目优良数+一般项目优良数}{检验项目总数} \times 100\%$。

表 6501.1　大车轨道安装质量检查表

编号：＿＿＿＿＿＿＿＿

分部工程名称					单元工程名称			
安装部位					安装内容			
安装单位					开/完工日期			

项次		检验项目	质量要求		实测值	合格数	优良数	质量等级
			合格	优良				
主控项目	1	轨道实际中心线对轨道设计中心线位置的偏差(mm)	2.0	1.5				
	2	轨距(mm)	±4.0	±3.0				
	3	轨道侧向局部弯曲(mm)(任意 2 m 内)	1.0	1.0				
	4	轨道在全行程上最高点与最低点之差(mm)	2.0	1.5				
	5	同一横截面上两轨道标高相对差(mm)	5.0	4.0				
一般项目	1	轨道接头处高低差和侧面错位(mm)	1.0	1.0				
	2	轨道接头间隙(mm)	2.0	2.0				
	3	轨道接地电阻(Ω)	4	3				

检查意见：

　　主控项目共＿＿＿＿＿项,其中合格＿＿＿＿＿项,优良＿＿＿＿＿项,合格率＿＿＿＿＿%,优良率＿＿＿＿＿%。

　　一般项目共＿＿＿＿＿项,其中合格＿＿＿＿＿项,优良＿＿＿＿＿项,合格率＿＿＿＿＿%,优良率＿＿＿＿＿%。

检验人：	评定人：	监理工程师：
（签字）	（签字）	（签字）
年　月　日	年　月　日	年　月　日

_____工程

表6502 桥式启闭机单元工程安装质量验收评定表

单元工程名称			单元工程量		
分部工程名称			安装单位		
单元工程名称、部位			评定日期		

项次	项目	主控项目(个)		一般项目(个)	
		合格数	其中优良数	合格数	其中优良数
1	桥架和大车行走机构安装				
2	小车行走机构安装				
3	制动器安装				
	电气设备安装				
	试运行效果				

安装单位自评意见	各项试验和单元工程试运行符合要求,各项报验资料符合规定。检验项目全部合格。检验项目优良率为_____%,其中主控项目优良率为_____%。 单元工程安装质量等级评定为:_____。 (签字,加盖公章)　　　年　月　日
监理单位复核意见	各项试验和单元工程试运行符合要求,各项报验资料符合规定。检验项目全部合格。检验项目优良率为_____%,其中主控项目优良率为_____%。 单元工程安装质量等级评定为:_____。 (签字,加盖公章)　　　年　月　日

注:1.主控项目和一般项目中的合格数指达到合格及其以上质量标准的项目个数。

2.优良项目占全部项目百分率 $= \dfrac{\text{主控项目优良数}+\text{一般项目优良数}}{\text{检验项目总数}} \times 100\%$。

表 6502.1　桥架和大车行走机构安装质量检查表

编号：_____

分部工程名称				单元工程名称				
安装部位				安装内容				
安装单位				开/完工日期				

项次		检验项目	质量要求		实测值	合格数	优良数	质量等级
			合格	优良				
主控项目	1	大车跨度 L_1、L_2 的相对差(mm)	5.0	4.0				
	2	桥架对角线差 $\lvert D_1-D_2\rvert$(mm)	5.0	4.0				
	3	大车车轮的垂直偏斜 a(只许下轮缘向内偏斜,l 为测量长度,mm)	$\dfrac{l}{400}$	$\dfrac{l}{450}$				
	4	大车车轮的水平偏斜 P(同一轴线上一对车轮的偏斜方向应相反,l 为测量长度,mm)	$\dfrac{l}{1\,000}$	$\dfrac{l}{1\,200}$				
	5	同一端梁下,车轮的同位差(mm)　2 个车轮时	2.0	1.5				
		2 个以上车轮时	3.0	2.5				
		同一平衡梁上车轮的同位差	1.0	1.0				
	6	同一横截面上小车轨道标高相对差(mm)	3.0	2.5				
一般项目	1	跨中上拱度 F(最大上拱度在跨度中部的 $L/10$ 范围内)(mm)	$\dfrac{(0.9\sim1.4)L}{1\,000}$					
	2	主梁的水平弯曲 f(mm)	$\dfrac{L}{2\,000}$ 且不大于 20					
	3	悬臂端上翘度 F_0(mm)	$\dfrac{(0.9\sim1.4)L_n}{350}$					
	4	主梁上翼缘的水平偏斜 b(B 为主梁上翼缘宽度)(mm)	$\dfrac{B}{200}$					

续表 6502.1

项次	检验项目		质量要求		实测值	合格数	优良数	质量等级
			合格	优良				
一般项目	5	主梁腹板的垂直偏斜 h(H 为主梁腹板的高度)(mm)	$\dfrac{H}{500}$					
	6	腹板波浪度(1 m 平尺检查, δ 为主梁腹板厚度)(mm)	距上盖板 $\dfrac{H}{3}$ 以内区域 0.7δ					
			其余区域 1.0δ					
	7	大车跨度 L 偏差(mm)	±5.0	±4.0				
	8	小车轨距 T 偏差(mm)	±3.0	±2.5				
	9	小车轨道中心线与轨道梁腹板中心线位置偏差(δ 为轨道梁腹板厚度)(mm)	0.5δ	0.5δ				
	10	小车轨道侧向局部弯曲(任意 2 m 内)(mm)	1.0	1.0				
	11	小车轨道接头处高低差和侧面错位(mm)	1.0	1.0				
	12	小车轨道接头间隙(mm)	2.0	2.0				

检查意见:

　　主控项目共_____项,其中合格_____项,优良_____项,合格率_____%,优良率_____%。

　　一般项目共_____项,其中合格_____项,优良_____项,合格率_____%,优良率_____%。

检验人:	评定人:	监理工程师:
(签字) 年 月 日	(签字) 年 月 日	(签字) 年 月 日

_____工程

表 6502.2　小车行走机构安装质量检查表

编号：_____

分部工程名称			单元工程名称	
安装部位			安装内容	
安装单位			开/完工日期	

项次		检验项目	质量要求		实测值	合格数	优良数	质量等级
			合格	优良				
主控项目	1	小车跨度相对差 $\|T_1-T_2\|$(mm)	3.0	2.5				
	2	小车车轮的垂直偏斜 a(只许下轮缘向内偏斜,l 为测量长度,mm)	$\dfrac{l}{400}$	$\dfrac{l}{450}$				
一般项目	1	对两根平行基准线每个小车轮水平偏斜(mm)	$\dfrac{l}{1\,000}$	$\dfrac{l}{1\,200}$				
	2	小车主动轮和被动轮同位差(mm)	2.0	2.0				

检查意见：
　　主控项目共_____项,其中合格_____项,优良_____项,合格率_____%,优良率_____%。
　　一般项目共_____项,其中合格_____项,优良_____项,合格率_____%,优良率_____%。

检验人：	评定人：	监理工程师：
(签字)	(签字)	(签字)
年　月　日	年　月　日	年　月　日

_____工程

表6502.3 制动器安装质量检查表

编号：_____

分部工程名称					单元工程名称			
安装部位					安装内容			
安装单位					开/完工日期			

项次		检验项目	质量要求 制动轮直径 D(mm)			实测值	合格数	优良数	质量等级
			≤200	200~300	>300				
一般项目	1	制动轮径向跳动(mm)	0.10	0.12	0.18				
	2	制动轮端面圆跳动(mm)	0.15	0.20	0.25				
	3	制动带与制动轮的实际接触面积不小于总面积(mm)	75%						

检查意见：
　一般项目共_____项,其中合格_____项,优良_____项,合格率_____%,优良率_____%。

检验人：	评定人：	监理工程师：
（签字） 年 月 日	（签字） 年 月 日	（签字） 年 月 日

_____工程

表 6502.4　桥式启闭机试运行质量检查表

编号：_____

单位工程名称			分部工程名称		单元工程量	
单元工程名称、部位				试运行日期		

序号	部位	检验项目		质量标准	检测情况	结论
1	试运行前检查	所有机械部件、连接部件,各种保护装置及润滑系统		安装、注油情况符合设计要求,并清除轨道两侧所有杂物		
2		钢丝绳固定压板与缠绕反方向		牢固,缠绕方向正确		
3		电缆卷筒、中心导电装置、滑线、变压器以及各电机的接线		正确,无松动,接地良好		
4		双电机驱动的起升机构	电动机的转向	转向正确		
5			吊点的同步性	两侧钢丝绳尽量调至等长		
6		行走机构的电动机转向		转向正确		
7		用手转动各机构的制动轮,使最后一根轴(如车轮轴、卷筒轴)旋转一周		无卡阻现象		
8	试运行(起升机构和行走机构分别在行程内往返3次)	电动机		运行平稳,三相电流不平衡度不超过10%,并测量电流值		
9		电气设备		无异常发热现象,控制器触头无烧灼现象		
10		限位开关、保护装置及连锁装置		动作正确可靠		
11		大车、小车	行走时,车轮	无啃轨现象		
12			运行时,导电装置	平稳,无卡阻、跳动及严重冒火花现象		
13		机械部件		运转时,无冲击声及其他异常声音		
14		运行过程中,制动闸瓦		全部离开制动轮,无任何摩擦		

_____工程

续表 6502.4

序号	部位	检验项目		质量标准	检测情况	结论
15	试运行(起升机构和行走机构分别在行程内往返3次)	轴承和齿轮		润滑良好,轴承温度不超过65℃		
16		噪声		在司机座(不开窗)测得的噪声不应大于85 dB(A)		
17		双吊点启闭机	闸门吊耳轴中心线水平偏差	设计要求或使闸门顺利进入门槽		
18			同步性	行程开关显示两侧钢丝绳等长		
19	静载试验	主梁上拱度和悬臂端上翘度		上拱度 $\dfrac{(0.9\sim1.4)L}{1\,000}$($L$ 为跨度,mm),上翘度 $\dfrac{(0.9\sim1.4)L_n}{350}$($L_n$ 为悬臂长度,mm)		
20		小车分别停在主梁跨中和悬臂端起升1.25倍额定载荷	离地面100~200 mm,停留10 min,卸载	门架或桥架未产生永久变形		
21			挠度测定	主梁挠度值:$\dfrac{L}{700}$(L 为跨度,mm),悬臂端挠度值:$\dfrac{L_n}{350}$(L_n 为悬臂长度,mm)		
22	动载试验	在起升1.1倍额定载荷后,作起升、下降、停车等试验,同时开动大车、小车两个机构,应延续达1 h,检查各机构		动作灵敏、工作平稳可靠,各限位开关、安全保护联锁装置动作正确、可靠,各连接处无松动		

检查意见:

检验人:	评定人:	监理工程师:
(签字) 年 月 日	(签字) 年 月 日	(签字) 年 月 日

_____工程

表 6503　门式启闭机单元工程安装质量验收评定表

编号：_____

单位工程名称		单元工程量	
分部工程名称		安装单位	
单元工程名称、部位		评定日期	

项次	项目	主控项目(个)		一般项目(个)	
		合格数	其中优良数	合格数	其中优良数
1	门架和大车行走机构安装(见表6502.1)				
2	门式启闭机门腿安装				
3	小车行走机构安装(见表6502.2)				
4	制动器安装(见表6502.3)				
	电气设备安装				
	试运行效果				
安装单位自评意见	各项试验和单元工程试运行符合要求,各项报验资料符合规定。检验项目全部合格。检验项目优良率为_____%,其中主控项目优良率为_____%。 单元工程安装质量等级评定为：_____。 （签字,加盖公章）　　　年 月 日				
监理单位复核意见	各项试验和单元工程试运行符合要求,各项报验资料符合规定。检验项目全部合格。检验项目优良率为_____%,其中主控项目优良率为_____%。 单元工程安装质量等级评定为：_____。 （签字,加盖公章）　　　年 月 日				

注：1.主控项目和一般项目中的合格数指达到合格及其以上质量标准的项目个数。

2.优良项目占全部项目百分率=$\dfrac{主控项目优良数+一般项目优良数}{检验项目总数}$×100%。

_____工程

表 6503.1 门式启闭机门腿安装质量检查表

编号：_____

分部工程名称				单元工程名称				
安装部位				安装内容				
安装单位				开/完工日期				

项次		检验项目	质量要求		实测值	合格数	优良数	质量等级
			合格	优良				
主控项目	1	门架支腿从车轮工作面到支腿上法兰平面高度相对差(mm)	8.0	6.0				

检查意见：
　　主控项目共_____项,其中合格_____项,优良_____项,合格率_____%,优良率_____%。

检验人：	评定人：	监理工程师：
（签字）	（签字）	（签字）
年 月 日	年 月 日	年 月 日

· 282 ·

_____工程

表 6503.2 门式启闭机试运行质量检查表

编号：_____

单位工程名称				分部工程名称		单元工程量	
单元工程名称、部位				试运行日期			

序号	部位	检验项目		质量标准	检测情况	结论
1	试运行前检查	所有机械部件、连接部件,各种保护装置及润滑系统		安装、注油情况符合设计要求,并清除轨道两侧所有杂物		
2		钢丝绳固定压板与缠绕反方向		牢固,缠绕方向正确		
3		电缆卷筒、中心导电装置、滑线、变压器以及各电机的接线		正确,无松动,接地良好		
4		双电机驱动的起升机构	电动机的转向	转向正确		
5			吊点的同步性	两侧钢丝绳尽量调至等长		
6		行走机构的电动机转向		转向正确		
7		用手转动各机构的制动轮,使最后一根轴(如车轮轴、卷筒轴)旋转一周		无卡阻现象		
8	试运行(起升机构和行走机构分别在行程内往返3次)	电动机		运行平稳,三相电流不平衡度不超过10%,并测量电流值		
9		电气设备		无异常发热现象,控制器触头无烧灼现象		
10		限位开关、保护装置及联锁装置		动作正确可靠		
11		大车、小车	行走时,车轮	无啃轨现象		
12			运行时,导电装置	平稳,无卡阻、跳动及严重冒火花现象		
13		机械部件		运转时,无冲击声及其他异常声音		
14		运行过程中,制动闸瓦		全部离开制动轮,无任何摩擦		

续表 6503.2

序号	部位	检验项目		质量标准	检测情况	结论
15	试运行(起升机构和行走机构分别在行程内往返3次)	轴承和齿轮		润滑良好,轴承温度不超过65 ℃		
16		噪声		在司机座(不开窗)测得的噪声不应大于85 dB(A)		
17		双吊点启闭机	闸门吊耳轴中心线水平偏差	设计要求或使闸门顺利进入门槽		
18			同步性	行程开关显示两侧钢丝绳等长		
19	静载试验	主梁上拱度和悬臂端上翘度		上拱度$\frac{(0.9\sim1.4)L}{1\,000}$($L$为跨度,mm),上翘度$\frac{(0.9\sim1.4)L_n}{350}$($L_n$为悬臂长度,mm)		
20		小车分别停在主梁跨中和悬臂端起升1.25倍额定载荷	离地面100~200 mm,停留10 min,卸载	门架或桥架未产生永久变形		
21			挠度测定	主梁挠度值:$\frac{L}{700}$(L为跨度,mm),悬臂端挠度值:$\frac{L_n}{350}$(L_n为悬臂长度,mm)		
22	动载试验	在起升1.1倍额定载荷后,作起升、下降、停车等试验,同时开动大车、小车两个机构,应延续达1 h,检查各机构		动作灵敏、工作平稳可靠,各限位开关、安全保护连锁装置动作正确、可靠,各连接处无松动		

检查意见:

检验人:	评定人:	监理工程师:
(签字) 年 月 日	(签字) 年 月 日	(签字) 年 月 日

_____工程

表 6504　固定卷扬式启闭机单元工程安装质量验收评定表

单位工程名称		单元工程量	
分部工程名称		安装单位	
单元工程名称、部位		评定日期	

项次	项目	主控项目(个)		一般项目(个)	
		合格数	其中优良数	合格数	其中优良数
1	固定卷扬式启闭机安装				
2	制动器安装				
	电气设备安装				
	试运行效果				

安装单位自评意见	各项试验和单元工程试运行符合要求,各项报验资料符合规定。检验项目全部合格。检验项目优良率为_____%,其中主控项目优良率为_____%。 单元工程安装质量等级评定为:_____。 　　　　　　　　　　　　　　　　　(签字,加盖公章)　　　　年　月　日
监理单位复核意见	各项试验和单元工程试运行符合要求,各项报验资料符合规定。检验项目全部合格。检验项目优良率为_____%,其中主控项目优良率为_____%。 单元工程安装质量等级评定为:_____。 　　　　　　　　　　　　　　　　　(签字,加盖公章)　　　　年　月　日

注:1.主控项目和一般项目中的合格数指达到合格及其以上质量标准的项目个数。

2.优良项目占全部项目百分率 $=\dfrac{主控项目优良数+一般项目优良数}{检验项目总数}\times100\%$。

_____工程

表 6504.1 固定卷扬式启闭机安装质量检查表

编号：_____

分部工程名称				单元工程名称				
安装部位				安装内容				
安装单位				开/完工日期				

项次		检验项目	质量要求		实测值	合格数	优良数	质量等级
			合格	优良				
主控项目	1	纵、横向中心线与起吊中心线之差（mm）	±3.0	±2.5				
	2	启闭机平台水平偏差（mm）（每延米）	0.5	0.4				
一般项目	1	启闭机平台高程偏差（mm）	±5.0	±4.0				
	2	双卷筒串联的双吊点启闭机吊距偏差（mm）	±3.0	±2.5				

检查意见：

主控项目共_____项,其中合格_____项,优良_____项,合格率_____%,优良率_____%。

一般项目共_____项,其中合格_____项,优良_____项,合格率_____%,优良率_____%。

检验人：	评定人：	监理工程师：
（签字） 年 月 日	（签字） 年 月 日	（签字） 年 月 日

_____工程

表 6504.2　固定卷扬式启闭机试运行质量检查表

编号：_____

单位工程名称			分部工程名称		单元工程量	
单元工程名称、部位				试运行日期		

序号	部位	检验项目	质量标准	检测情况	结论
1	电气设备试验	全部接线	符合图样规定		
2		线路的绝缘电阻	符合设计标准		
3		试验中各电动机和电器元件温升	不超过各自的允许值		
4	无载荷试验（全行程往返3次）	电动机	三相电流不平衡度不超过10%		
5		电气设备	无异常发热现象		
6		主令开关	启闭机运行到行程的上下极限位置,主令开关能发出信号并自动切断电源,使启闭机停止运转		
7		机械部件	无冲击声及其他异常声音,钢丝绳在任何部位不与其他部件相摩擦		
8		制动闸瓦	松闸时全部打开,闸瓦与制动轮间隙符合0.5~1.0 mm 的要求		
9		快速闸门启闭机	利用直流松闸时,松闸直流电流值不大于名义最大电流值,松闸持续2 min时电磁线圈的温度不大于100 ℃		
10		轴承和齿轮	润滑良好,轴承温度不超过65 ℃		

续表 6504.2

序号	部位	检验项目		质量标准	检测情况	结论
11	载荷试验（带闸在设计水头工况下运行）	电动机		三相电流不平衡度不超过10%		
12		电气设备		无异常发热现象，所有保护装置和信号准确可靠		
13		机械部件		无冲击声，开式齿轮啮合状态满足要求		
14		制动器		无打滑、无焦味和冒烟现象		
15		机构各部分		无破裂、永久变形、连接松动或破坏		
16		快速闸门启闭机	快速闭门时间	不超过设计值，闸门接近底槛的最大速度不超过 5 m/min		
17			电动机或调速器	最大转速一般不超过电动机额定转速的2倍		
18			离心式调速器的摩擦面最高温度	不大于 200 ℃		

检查意见：

检验人：	评定人：	监理工程师：
（签字） 年　月　日	（签字） 年　月　日	（签字） 年　月　日

_____工程

表 6505 螺杆式启闭机单元工程安装质量验收评定表

单位工程名称		单元工程量	
分部工程名称		安装单位	
单元工程名称、部位		评定日期	

项次	项目	主控项目(个)		一般项目(个)	
		合格数	其中优良数	合格数	其中优良数
1	螺杆式启闭机安装				
	电气设备安装				
	试运行效果				

安装单位自评意见	各项试验和单元工程试运行符合要求,各项报验资料符合规定。检验项目全部合格。检验项目优良率为_____%,其中主控项目优良率为_____%。 单元工程安装质量等级评定为:_____。 (签字,加盖公章)　　　　年　月　日
监理单位复核意见	各项试验和单元工程试运行符合要求,各项报验资料符合规定。检验项目全部合格。检验项目优良率为_____%,其中主控项目优良率为_____%。 单元工程安装质量等级评定为:_____。 (签字,加盖公章)　　　　年　月　日

注:1.主控项目和一般项目中的合格数指达到合格及其以上质量标准的项目个数。

2.优良项目占全部项目百分率=$\dfrac{\text{主控项目优良数}+\text{一般项目优良数}}{\text{检验项目总数}}$×100%。

_____工程

表 6505.1 螺杆式启闭机安装质量检查表

编号：_____

分部工程名称		单元工程名称	
安装部位		安装内容	
安装单位		开/完工日期	

项次		检验项目	质量要求		实测值	合格数	优良数	质量等级
			合格	优良				
主控项目	1	基座纵、横向中心线与闸门吊耳的起吊中心线之差(mm)	±1.0	±0.5				
	2	启闭机平台水平偏差(mm)(每延米)	0.5	0.4				
	3	螺杆与闸门连接前铅锤度(mm)(每延米)	0.2	0.2				
一般项目	1	启闭机平台高程偏差(mm)	±5.0	±4.0				
	2	机座与基础板局部间隙(mm)	0.2 非接触面不大于总接触面20%	0.2 非接触面不大于总接触面20%				

检查意见：

主控项目共_____项,其中合格_____项,优良_____项,合格率_____%,优良率_____%。

一般项目共_____项,其中合格_____项,优良_____项,合格率_____%,优良率_____%。

检验人：	评定人：	监理工程师：
(签字)	(签字)	(签字)
年 月 日	年 月 日	年 月 日

_____工程

表 6505.2　螺杆式启闭机试运行质量检查表

编号：_____

单位工程名称			分部工程名称		单元工程量	
单元工程名称、部位				试运行日期		

序号	部位	检验项目	质量标准	检测情况	结论
1	电气设备测试	全部接线	符合图样规定		
2		线路的绝缘电阻	符合设计要求		
3		试验中各电动机和电器元件温升	不超过各自的允许值		
4	无载荷试验(全程往返3次)	电动机	三相电流不平衡度不超过10%		
5		行程限位开关	运行到上下限位置时,能发出信号并自动切断电源,使启闭机停止运转		
6		机械部件	无冲击声及其他异常声音		
7	载荷试验(在动水工况下闭门2次)	传动零件	运转平稳,无异常声音、发热和漏油现象		
8		行程开关	动作灵敏可靠		
9		载荷控制装置、高度指示装置的信号发送、接收	动作灵敏、指示正确、安全可靠		
10		手摇或电机驱动	操作方便,运行平稳,传动皮带无打滑现象		
11		双吊点启闭机	同步升降,无卡阻现象		
12		地脚螺栓	螺栓紧固,无松动		

检查意见：

检验人：	评定人：	监理工程师：
（签字） 年　月　日	（签字） 年　月　日	（签字） 年　月　日

_____工程

表6506 液压式启闭机单元工程安装质量验收评定表

编号:_____

单位工程名称		单元工程量	
分部工程名称		安装单位	
单元工程名称、部位		评定日期	

项次	项目	主控项目(个)		一般项目(个)	
		合格数	其中优良数	合格数	其中优良数
1	液压式启闭机机械系统机架安装				
2	液压式启闭机机械系统钢梁与推力支座安装				
3	明管安装单元工程安装质量检查表				
4	箱、罐及其他容器安装单元工程安装质量检查表				
	试运行效果				

安装单位自评意见	各项试验和单元工程试运行符合要求,各项报验资料符合规定。检验项目全部合格。检验项目优良率为_____%,其中主控项目优良率为_____%。 单元工程安装质量等级评定为:_____。 (签字,加盖公章)　　　年　月　日
监理单位复核意见	各项试验和单元工程试运行符合要求,各项报验资料符合规定。检验项目全部合格。检验项目优良率为_____%,其中主控项目优良率为_____%。 单元工程安装质量等级评定为:_____。 (签字,加盖公章)　　　年　月　日

注:1.主控项目和一般项目中的合格数指达到合格及其以上质量标准的项目个数。

2.优良项目占全部项目百分率$=\dfrac{主控项目优良数+一般项目优良数}{检验项目总数}×100\%$。

_____工程

表6506.1 液压式启闭机机械系统机架安装质量检查表

编号：_____

分部工程名称		单元工程名称	
安装部位		安装内容	
安装单位		开/完工日期	

项次		检验项目	质量要求		实测值	合格数	优良数	质量等级
			合格	优良				
主控项目	1	机架横向中心线与实际起吊中心线的距离(mm)	±2.0	±1.5				
一般项目	1	机架高程偏差(mm)	±5.0	±4.0				
	2	双吊点液压式启闭机支撑面的高差(mm)	±0.5	±0.5				

检查意见：
主控项目共_____项,其中合格_____项,优良_____项,合格率_____%,优良率_____%。
一般项目共_____项,其中合格_____项,优良_____项,合格率_____%,优良率_____%。

检验人：	评定人：	监理工程师：
（签字） 年 月 日	（签字） 年 月 日	（签字） 年 月 日

表 6506.2　液压式启闭机机械系统钢梁与推力支座安装质量检查表

编号：_____

分部工程名称		单元工程名称	
安装部位		安装内容	
安装单位		开/完工日期	

项次		检验项目	质量要求		实测值	合格数	优良数	质量等级
			合格	优良				
主控项目	1	机架钢梁与推力支座组合面通隙(mm)	0.05	0.05				
	2	推力支座顶面水平偏差(mm)(每延米)	0.2	0.2				
一般项目	1	机架钢梁与推力支座的组合面 局部间隙(mm)	0.1	0.08				
		局部间隙深度	$\frac{1}{3}$组合面宽度	$\frac{1}{4}$组合面宽度				
		局部间隙累计长度	20%周长	15%周长				

检查意见：
主控项目共_____项,其中合格_____项,优良_____项,合格率_____%,优良率_____%。
一般项目共_____项,其中合格_____项,优良_____项,合格率_____%,优良率_____%。

检验人：	评定人：	监理工程师：
（签字）　年 月 日	（签字）　年 月 日	（签字）　年 月 日

表 6506.3 液压式启闭机试运行质量检查表

编号：_____

单位工程名称			分部工程名称		单元工程量		
单元工程名称、部位				试运行日期			

序号	部位	检验项目		质量标准	检测情况	结论
1	试运行前检查	门槽及运行区域		障碍物清除干净,闸门及油缸运行不受卡阻		
2		液压系统的滤油芯		清洗或更换,试运行前液压系统的污染度等级应不低于 NAS9 级		
3		环境温度		不低于设计工况的最低温度		
4		机架固定		焊缝达到要求,地脚螺栓紧固		
5		电器元件和设备		调试完毕,符合 GB 5226.1 的有关规定		
6	油泵试验	油泵溢流阀全部打开,连续空转 30 min		无异常现象		
7		管路充油运转试验的工作压力	50%	分别连续运转 5 min,系统无振动、杂音、温升过高等现象;阀件及管路无漏油现象		
			75%			
			100%			
8		排油检查		油泵在 1.1 倍工作压力下排油,无剧烈振动和杂音		
9	手动操作试验	闸门升降		缓冲装置减速正常、闸门升降灵活、无卡阻		

_____工程

序号	部位	检验项目	质量标准	检测情况	结论
10	自动操作试验	闸门启闭	灵活、无卡阻。快速闭门时间符合设计要求		
11	闸门沉降试验	活塞油封和管路系统漏油检查	将闸门提起,24 h 内闸门沉降量不大于 100 mm		
12		警示信号和自动复位功能	24 h 后,闸门沉降量超过 100 mm 时,警示信号应提示;闸门沉降量超过 200 mm 时,液压系统能自动复位;72 h 内自动复位次数不大于 2 次		
13	双吊点同步试验	同一台启闭机的两套油缸在全行程内同步运行	在行程内任意位置的同步偏差大于设计值时,如有自动纠偏装置,应自动投入纠偏装置		

检查意见:

检验人:	评定人:	监理工程师:
(签字) 　年　月　日	(签字) 　年　月　日	(签字) 　年　月　日

第 7 部分
泵站设备安装工程验收评定表

第1章 泵装置与滤水器安装工程

_____工程

表7101 立式水泵机组安装单元工程质量验收评定表

单位工程名称			单元工程量	
分部工程名称			安装单位	
单元工程名称、部位			评定日期	

项次	工序名称	主控项目			一般项目		
		合格数	其中优良个数	优良率（%）	合格数	其中优良个数	优良率（%）
1	水泵安装前检查						
2	机组埋件安装						
3	机组固定部件安装						
4	机组转动部件安装						
5	水泵其他部件安装						
6	电动机电气检查和试验						
7	电动机安装前检查						
8	轴瓦研刮与轴承预装						
9	电动机其他部件安装						
10	水泵调节机构安装						
11	充水试验						
合计							
各项试验和试运转效果							

安装单位自评意见	各项试验和单元工程试运行符合要求,各项报验资料符合规定。检验项目全部合格。检验项目优良率为_____%,其中主控项目优良率为_____%。 单元工程安装质量等级评定为:_____。 （签字,加盖公章）　　　　年　月　日
监理单位复核意见	各项试验和单元工程试运行符合要求,各项报验资料符合规定。检验项目全部合格。检验项目优良率为_____%,其中主控项目优良率为_____%。 单元工程安装质量等级评定为:_____。 （签字,加盖公章）　　　　年　月　日

注:1.主控项目和一般项目中的合格数指达到合格及其以上质量标准的项目个数。

　　2.检验项目优良标准率＝(主控项目优良数+一般项目优良数)/检验项目总数×100%。

　　3.本表所填"单元工程量"不作为施工单位工程量结算计量的依据。

_____工程

表 7101.1 水泵安装前检查工序质量检查表

编号：_____

分部工程名称		单元工程名称	
安装部位		安装内容	
安装单位		开/完工日期	

项次		检验项目	质量要求 （允许偏差 mm）	检验(测)记录 （mm）	合格数	合格率	质量等级
一般项目	1	叶轮与叶轮室预装叶片间隙	±10%叶片平均间隙				
	2	泵轴、叶轮、叶轮室、泵座、底座、上座	外观完好,尺寸符合设计要求				
	3	调节机构	符合设计要求				
	4	齿轮箱	符合设计要求				

检查意见：
　　一般项目共_____项,其中合格_____项,优良_____项,合格率_____%,优良率_____%。

检验人： （签字） 年 月 日	评定人： （签字） 年 月 日	监理工程师： （签字） 年 月 日

表 7101.2　机组埋件安装工序质量检查表

编号：_____

分部工程名称			单元工程名称	
安装部位			安装内容	
安装单位			开/完工日期	

项次		检验项目	质量要求 （允许偏差 mm）	检验(测)记录 （mm）	合格数	合格率	质量等级
一般项目	1	泵座中心线对土建中心线	□$D<1\,600$ mm：1.5； □$D>1\,600\sim3\,000$ mm：2.0； □$D>3\,000\sim4\,500$ mm：3.0				
	2	其他埋件与泵座同轴度	□$D<1\,600$ mm：0.8； □$D>1\,600\sim3\,000$ mm：1.0； □$D>3\,000\sim4\,500$ mm：1.5				
	3	泵座高程对设计高程	±3.0 （设计高程：　　　）				
	4	电动机及其他埋件高程对推算高程	±1.0				
	5	埋件水平	0.07 mm/m				
	6	埋件组合面	间隙、错位符合 SL 317 要求				
	7	垫铁安装	符合 SL 317 要求				

检查意见：
　　一般项目共_____项，其中合格_____项，优良_____项，合格率_____%，优良率_____%。

检验人： （签字） 　　年　月　日	评定人： （签字） 　　年　月　日	监理工程师： （签字） 　　年　月　日

注：D 为叶轮直径。

_____工程

表 7101.3 机组固定部件安装工序质量检查表

编号：_____

分部工程名称				单元工程名称		
安装部位				安装内容		
安装单位				开/完工日期		

项次		检验项目	质量要求(允许偏差 mm)		检验(测)记录（mm）	合格数	优良数	质量等级
			合格	优良				
主控项目	1	单止口轴承座平面水平	0.07 mm/m	0.05 mm/m				
	2	定子铁芯上部同轴度	±5%设计空气间隙	±4%设计空气间隙				
	3	定子铁芯下部同轴度	±5%设计空气间隙	±4%设计空气间隙				
	4	定子铁芯上下部同轴度差值	±5%设计空气间隙	±4%设计空气间隙				
一般项目	1	电动机上机架水平	0.10 mm/m	0.08 mm/m				
	2	电动机下机架水平	0.10 mm/m	0.08 mm/m				
	3	电动机上机架同轴度	1.00	0.80				
	4	电动机下机架同轴度	1.00	0.80				
	5	水泵导轴承座下止口同轴度	0.08	0.06				
	6	组合面	间隙、错位符合 SL 317 要求					

检查意见：
　　主控项目共_____项，其中合格_____项，优良_____项，合格率_____%，优良率_____%。
　　一般项目共_____项，其中合格_____项，优良_____项，合格率_____%，优良率_____%。

检验人：　　　　　　　　　　（签字）　　　年　月　日	评定人：　　　　　　　　　　（签字）　　　年　月　日	监理工程师：　　　　　　　　　　（签字）　　　年　月　日

_____工程

表 7101.4 机组转动部件安装工序质量检查表

编号：_____

分部工程名称		单元工程名称	
安装部位		安装内容	
安装单位		开/完工日期	

项次		检验项目		质量要求(允许偏差 mm)				检验(测)记录(mm)	合格数	优良数	质量等级
				合格		优良					
				n≤250	n>250	n≤250	n>250				
主控项目	1	荷重机架导轴承处全摆度(mm/m)	刚性推力轴承	0.02		0.01					
			弹性推力轴承	0.03	0.02	0.02	0.01				
	2	非荷重机架导轴承处相对摆度(mm/m)	刚性推力轴承	0.03	0.02	0.02	0.01				
			弹性推力轴承	0.04	0.03	0.03	0.02				
	3	泵轴下轴颈处摆度	绝对摆度	0.30	0.25	0.25	0.20				
			相对摆度(mm/m)	0.05	0.04	0.03	0.02				
	4	镜板水平(mm/m)	刚性推力轴承	0.02	0.01						
			弹性推力轴承	0.03	0.02						
	5	泵轴下轴颈处轴线转动中心		0.04		0.03					
	6	联轴器两轴心径向位移		符合 GB 50231 要求							
	7	联轴器两轴线倾斜		符合 GB 50231 要求							
一般项目	1	推力轴瓦受力		各推力瓦受力均匀							
	2	卡环受力后局部轴向间隙		0.03	0.02	0.03	0.02				
	3	填料函处轴颈相对摆度(mm/m)		0.04	0.03	0.03	0.01				
	4	联轴器端面间隙		符合 GB 50231 要求							

检查意见：

　　主控项目共_____项,其中合格_____项,优良_____项,合格率_____%,优良率_____%。

　　一般项目共_____项,其中合格_____项,优良_____项,合格率_____%,优良率_____%。

检验人： （签字） 年　月　日	评定人： （签字） 年　月　日	监理工程师： （签字） 年　月　日

_____工程

表 7101.5　水泵其他部件安装工序质量检查表

编号：_____

分部工程名称					单元工程名称			
安装部位					安装内容			
安装单位					开/完工日期			

项次		检验项目	质量要求(允许偏差 mm)		检验(测)记录(mm)	合格数	优良数	质量等级
			合格	优良				
主控项目	1	叶片间隙	±20%平均间隙	±18%平均间隙				
	2	水导轴承间隙	±20%分配间隙	±15%分配间隙				
	3	油轴承渗漏试验	无渗漏					
一般项目	1	操作油管连接、主轴连接严密性试验	符合设计要求					
	2	叶片动作试验	动作压力≤15%额定工作压力，动作平稳					
	3	油轴承径向密封间隙	±20%平均间隙	±15%平均间隙				
	4	油轴承平面密封局部间隙	≤0.10	≤0.05				
	5	油轴承油位	±5.0					
	6	水泵填料函间隙	±20%平均间隙					
	7	水润滑轴承密封间隙	±20%平均间隙					
	8	空气围带密闭性	符合设计要求					
	9	空气围带密封径向间隙	±20%平均间隙					
	10	伸缩节	可伸缩量符合设计要求,无渗漏					
	11	拍门	转动灵活,无卡阻,止水良好					

检查意见：
主控项目共_____项,其中合格_____项,优良_____项,合格率_____%,优良率_____%。
一般项目共_____项,其中合格_____项,优良_____项,合格率_____%,优良率_____%。

检验人： （签字） 年　月　日	评定人： （签字） 年　月　日	监理工程师： （签字） 年　月　日

表 7101.6　电动机电气检查和试验工序质量检查表

编号：_____

分部工程名称			单元工程名称	
安装部位			安装内容	
安装单位			开/完工日期	

项次		检验项目	质量要求（允许偏差）	检验（测）记录	合格数	合格率	质量等级
主控项目	1	绕组绝缘电阻和吸收比	符合 GB 50150、SL 317 的相关要求				
	2	绕组直流电阻	相间误差＜2%，线间误差＜1%				
	3	定子绕组直流耐压试验和泄漏电流	符合 GB 50150 的相关要求				
	4	绕组交流耐压试验	符合 GB 50150 的相关要求				
	5	定子绕组极性及连接	极性正确、连接牢固				
	6	中性点避雷器试验	符合 GB 50150 的相关要求				
	7	电动机裸露带电部分电气间距	符合 GB 50149 的相关要求				
	8	接地	接地可靠，符合设计要求				
一般项目	1	电缆接线及相序	固定牢固，连接紧密，相序正确				
	2	集电环与碳刷	符合产品技术要求				
	3	测温装置	指示正常，绝缘电阻 ≥ 0.5 MΩ				
	4	测速装置	接线正确，工作正常				
	5	振动、摆度、油位测量装置	接线正确，工作正常				
	6	加热器	接线正确，绝缘良好，工作正常				

检查意见：
　　主控项目共_____项，其中合格_____项，优良_____项，合格率_____%，优良率_____%。
　　一般项目共_____项，其中合格_____项，优良_____项，合格率_____%，优良率_____%。

检验人： （签字） 年　月　日	评定人： （签字） 年　月　日	监理工程师： （签字） 年　月　日

_____工程

表 7101.7 电动机安装前检查工序质量检查表

编号：_____

分部工程名称		单元工程名称	
安装部位		安装内容	
安装单位		开/完工日期	

项次		检验项目	质量要求（允许偏差 mm）	检验(测)记录（mm）	合格数	合格率	质量等级
一般项目	1	电气绝缘与外观	符合设计和规范要求				
	2	定子铁芯中心高度	≤6.0				
	3	转子磁极中心高度	≤2.0				
	4	推力头轴孔与轴颈配合	符合设计和规范要求				
	5	抗重螺栓配合松紧程度	符合设计和规范要求				
	6	上油槽渗漏试验	无渗漏				
	7	油槽冷却器耐压试验	无渗漏				
	8	空气冷却器耐压试验	无渗漏				

检查意见：
　　一般项目共_____项,其中合格_____项,优良_____项,合格率_____%,优良率_____%。

检验人： （签字） 年 月 日	评定人： （签字） 年 月 日	监理工程师： （签字） 年 月 日

_____工程

表 7101.8 轴瓦研刮与轴承预装工序质量检查表

编号：_____

分部工程名称				单元工程名称		
安装部位				安装内容		
安装单位				开/完工日期		

项次		检验项目	质量要求 （允许偏差 mm）	检验(测)记录 （mm）	合格数	合格率	质量等级
主控项目	1	金属推力轴瓦、导轴瓦瓦面	符合设计要求和 SL 317 的相关规定				
	2	弹性金属塑料瓦	瓦面无金属丝裸露、分层及裂纹，无金属夹渣、气孔或斑点，无刀痕及划痕；周边无分层、开裂及脱壳				
	3	水泵导轴承预装间隙	符合设计要求和 SL 317 的相关规定				
一般项目	1	金属推力轴瓦、导轴瓦进油边	深度、宽度、倒角符合 SL 317 的相关规定				
	2	轴承体各组合缝间隙	符合设计要求和 SL 317 的相关规定				
	3	水泵油润滑导轴承接触面积	≥70%				

检查意见：

　　主控项目共_____项，其中合格_____项，优良_____项，合格率_____%，优良率_____%。

　　一般项目共_____项，其中合格_____项，优良_____项，合格率_____%，优良率_____%。

检验人：	评定人：	监理工程师：
（签字） 　　年　月　日	（签字） 　　年　月　日	（签字） 　　年　月　日

表 7101.9 电动机其他部件安装工序质量检查表

编号：_____

分部工程名称				单元工程名称				
安装部位				安装内容				
安装单位				开/完工日期				

项次		检验项目		质量要求（允许偏差 mm）		检验(测)记录（mm）	合格数	优良数	质量等级
				合格	优良				
主控项目	1	荷重机架导向瓦单边间隙		符合设计要求					
	2	非荷重机架导向瓦双边间隙		符合设计要求					
	3	空气间隙		±10% 平均间隙	±8% 平均间隙				
	4	定转子磁场中心相对高差	刚性推力轴承	0~0.5%h（h 为定子铁芯有效长度，下同）					
			弹性推力轴承	-0.5%h~+0.5%h	0~0.5%h				
	5	下油槽渗漏试验		无渗漏					
	6	透平油		符合设计和规范要求					
一般项目	1	镜板与推力头之间绝缘电阻		≥40 MΩ					
	2	导轴瓦与瓦背之间绝缘电阻		≥50 MΩ					
	3	推力轴承充油前绝缘电阻		≥5 MΩ					
	4	上油槽冷却装置耐压试验		无渗漏					
	5	下油槽冷却装置耐压试验		无渗漏					
	6	油槽盖板径向间隙		0.5~1.0					
	7	油槽油面高度		±5.0					
	8	机组制动器或顶车装置		间隙符合设计要求,动作正常,无渗漏					

检查意见：
　　主控项目共_____项,其中合格_____项,优良_____项,合格率_____%,优良率_____%。
　　一般项目共_____项,其中合格_____项,优良_____项,合格率_____%,优良率_____%。

检验人：	评定人：	监理工程师：
（签字）	（签字）	（签字）
年 月 日	年 月 日	年 月 日

_____工程

表 7101.10　水泵调节机构安装工序质量检查表

编号：_____

分部工程名称					单元工程名称			
安装部位					安装内容			
安装单位					开/完工日期			

项次		检验项目	质量要求（允许偏差 mm）		检验（测）记录（mm）	合格数	优良数	质量等级
			合格	优良				
主控项目	1	调节机构底座水平	0.04 mm/m	0.03 mm/m				
	2	调节机构底座同轴度	0.04	0.03				
	3	受油器操作油管同轴度	0.05	0.04				
一般项目	1	受油器旋转油盆径向间隙	±20% 平均间隙	±15% 平均间隙				
	2	操作油管或拉杆与铜套间隙	符合设计要求					
	3	受油器对地绝缘电阻	≥0.5 MΩ					
	4	操作油管摆度	符合设计要求					
	5	叶片角度显示	与叶片实际角度一致					

检查意见：

主控项目共_____项，其中合格_____项，优良_____项，合格率_____%，优良率_____%。

一般项目共_____项，其中合格_____项，优良_____项，合格率_____%，优良率_____%。

检验人：	评定人：	监理工程师：
（签字） 年　月　日	（签字） 年　月　日	（签字） 年　月　日

_____工程

表 7101.11　充水试验工序质量检查表

编号：_____

分部工程名称				单元工程名称			
安装部位				安装内容			
安装单位				开/完工日期			

项次		检验项目	质量要求 （允许偏差 mm）	检验(测)记录 （mm）	合格数	合格率	质量等级
一般项目	1	泵体部件与混凝土结合面	无渗漏				
	2	泵体部件组合面	无渗漏				
	3	水泵主轴填料密封出水	出水量适当				
	4	水泵油轴承密封部件出水	出水量适当				
	5	水泵检修进人孔密封	无渗漏				

检查意见：
　　一般项目共_____项,其中合格_____项,优良_____项,合格率_____%,优良率_____%。

检验人： （签字） 　　年　月　日	评定人： （签字） 　　年　月　日	监理工程师： （签字） 　　年　月　日

_____工程

表 7101.12　泵站机组启动试运行质量检查表

编号：_____

分部工程名称		单元工程名称	
安装部位		安装内容	
安装单位		开/完工日期	
试运行时间		年　月　日至　　年　月　日	

项次	检验项目	试运行质量要求	试运行情况	结果
1	机组开机、停机过程	符合设计和规范要求，开机、停机过程平稳，无异常振动和声响，飞逸转速在允许范围内		
2	机组断流装置	符合设计和规范要求，闸门、拍门关闭正常，无剧烈冲击，真空破坏阀动作正常		
3	各部位温度和油位	符合设计和规范要求，各部位温度、温升正常，油位正常		
4	机组各部振动	符合设计和规范要求，振动值在允许范围内，无异常		
5	电气参数	符合设计和规范要求，功率、电流、电压、频率、功率因素、励磁电流、励磁电压等电气参数正常		
6	水力参数	符合设计和合同要求，流量、效率等水力参数实测值与模型试验值和合同约定吻合		
7	噪音	符合设计和合同要求，噪声低于允许值，无异常声响，无异常气蚀声		
8	叶片调节装置	符合设计和规范要求，调节过程灵活，调节范围满足运行工况要求，叶片角度指示正常		
9	水系统	符合设计和规范要求，水量、水压正常，机组冷却、润滑效果良好，排水系统工作可靠		
10	油系统	符合设计和规范要求，油压正常，系统无异常声响和振动，启动频次正常		
11	气系统	符合设计和规范要求，气量、气压正常，系统无漏气、无异常声响		
12	通风系统	符合设计和规范要求，风量、风压正常，各部位通风良好，温度、湿度正常		
13	填料密封部件润滑	符合设计和规范要求，润滑充分、良好，出水量适当		
14	机组各部位密封	符合设计和规范要求，密封良好，无异常渗油、渗水现象		

检查意见：
　　经检验，_____号机组试运行_____。

检验人：	评定人：	监理工程师：
（签字） 年　月　日	（签字） 年　月　日	（签字） 年　月　日

_____工程

表 7102　卧式与斜式水泵机组安装单元工程质量验收评定表

单位工程名称		单元工程量	
分部工程名称		安装单位	
单元工程名称、部位		评定日期	年　月　日

项次	工序名称	主控项目			一般项目		
		合格数	其中优良个数	优良率（%）	合格数	其中优良个数	优良率（%）
1	水泵安装前检查						
2	电动机安装前检查						
3	卧式与斜式机组固定部件安装						
4	卧式与斜式机组转动部件安装						
5	电动机电气检查和试验						
6	机组埋件安装						
7	卧式与斜式轴瓦研刮与轴承装配						
8	充水试验						
合计							
各项试验和试运转效果							

安装单位自评意见	各项试验和单元工程试运行符合要求,各项报验资料符合规定。检验项目全部合格。检验项目优良率为_____%,其中主控项目优良率为_____%。 　　单元工程安装质量等级评定为:_____。 　　　　　　　　　　　　　　　　　（签字,加盖公章）　　　　年　月　日
监理单位复核意见	各项试验和单元工程试运转_____要求,各项报验资料_____规定。检验项目全部合格。检验项目优良标准率为_____%,其中主控项目优良标准率为_____%。 　　单元工程安装质量验收评定等级为:_____。 　　　　　　　　　　　　　　　　　（签字,加盖公章）　　　　年　月　日

注:1.主控项目和一般项目中的合格数指达到合格及其以上质量标准的项目个数。

　　2.检验项目优良标准率=(主控项目优良数+一般项目优良数)/检验项目总数×100%。

　　3.本表所填"单元工程量"不作为施工单位工程量结算计量的依据。

表 7102.1　水泵安装前检查工序质量检查表

编号:_____

分部工程名称		单元工程名称	
安装部位		安装内容	
安装单位		开/完工日期	

项次		检验项目	质量要求 （允许偏差 mm）	检验(测)记录 （mm）	合格数	合格率	质量等级
一般项目	1	叶轮与叶轮室预装叶片间隙	±10%叶片平均间隙				
	2	泵轴、叶轮、叶轮室、泵座、底座、上座	外观完好,尺寸符合设计要求				
	3	调节机构	符合设计要求				
	4	齿轮箱	符合设计要求				

检查意见:
　　一般项目共_____项,其中合格_____项,优良_____项,合格率_____%,优良率_____%。

检验人:　　　　　　　　　　　（签字） 　　　　　　　　　　年　月　日	评定人:　　　　　　　　　　（签字） 　　　　　　　　年　月　日	监理工程师:　　　　　　　　（签字） 　　　　　　　年　月　日

_____工程

表 7102.2　电动机安装前检查工序质量检查表

编号：_____

分部工程名称		单元工程名称	
安装部位		安装内容	
安装单位		开/完工日期	

项次		检验项目	质量要求 （允许偏差 mm）	检验(测)记录 （mm）	合格数	合格率	质量等级
一般项目	1	电气绝缘与外观	符合设计和规范要求				
	2	定子铁芯中心高度	≤6.0				
	3	转子磁极中心高度	≤2.0				
	4	推力头轴孔与轴颈配合	符合设计和规范要求				
	5	抗重螺栓配合松紧程度	符合设计和规范要求				
	6	上油槽渗漏试验	无渗漏				
	7	油槽冷却器耐压试验	无渗漏				
	8	空气冷却器耐压试验	无渗漏				

检查意见：
　　一般项目共_____项,其中合格_____项,优良_____项,合格率_____%,优良率_____%。

检验人： （签字） 年　月　日	评定人： （签字） 年　月　日	监理工程师： （签字） 年　月　日

_____工程

表 7102.3 卧式与斜式机组固定部件安装工序质量检查表

编号：_____

分部工程名称		单元工程名称	
安装部位		安装内容	
安装单位		开/完工日期	

项次		检验项目	质量要求 （允许偏差 mm）	检验(测)记录 （mm）	合格数	合格率	质量等级
主控项目	1	同轴度	符合设计和规范要求				
	2	组合面	间隙、错位等符合 SL 317 要求				
一般项目	1	轴线对土建中心线	2.0				
	2	卧式泵水平或斜式泵倾角	符合设计和规范要求				
	3	齿轮箱	水平或倾角、油位符合设计和规范要求，无渗油				
	4	伸缩节	可伸缩量符合设计要求，无渗漏				

检查意见：

　　主控项目共_____项，其中合格_____项，优良_____项，合格率_____%，优良率_____%。

　　一般项目共_____项，其中合格_____项，优良_____项，合格率_____%，优良率_____%。

检验人：	评定人：	监理工程师：
（签字） 　年　月　日	（签字） 　年　月　日	（签字） 　年　月　日

_____工程

表 7102.4 卧式与斜式机组转动部件安装工序质量检查表

编号：_____

分部工程名称				单元工程名称				
安装部位				安装内容				
安装单位				开/完工日期				

项次		检验项目	质量要求（允许偏差 mm）		检验(测)记录（mm）	合格数	优良数	质量等级
			合格	优良				
主控项目	1	联轴器两轴心径向位移	符合 GB 50231 要求					
	2	联轴器两轴线倾斜	符合 GB 50231 要求					
	3	空气间隙	±10%平均间隙	±8%平均间隙				
	4	摆度 各轴颈处	0.03					
		联轴器侧面	0.10	0.08				
		滑环处	0.20	0.16				
一般项目	1	联轴器端面间隙	符合设计要求					
	2	填料函挡环与轴颈单侧间隙	0.25～0.50					
	3	叶片间隙	符合设计要求					
	4	叶片动作试验	动作压力≤15%额定工作压力，动作平稳					
	5	轴承体对地绝缘	符合设计要求					

检查意见：

　　主控项目共_____项,其中合格_____项,优良_____项,合格率_____%,优良率_____%。

　　一般项目共_____项,其中合格_____项,优良_____项,合格率_____%,优良率_____%。

检验人：	评定人：	监理工程师：
（签字）	（签字）	（签字）
年 月 日	年 月 日	年 月 日

_____工程

表 7102.5　电动机电气检查和试验工序质量检查表

编号：_____

分部工程名称			单元工程名称	
安装部位			安装内容	
安装单位			开/完工日期	

项次		检验项目	质量要求 （允许偏差 mm）	检验(测)记录 （mm）	合格数	合格率	质量等级
主控项目	1	绕组绝缘电阻和吸收比	符合 GB 50150、SL 317 的相关要求				
	2	绕组直流电阻	相间误差＜2%，线间误差＜1%				
	3	定子绕组直流耐压试验和泄漏电流	符合 GB 50150 的相关要求				
	4	绕组交流耐压试验	符合 GB 50150 的相关要求				
	5	定子绕组极性及连接	极性正确、连接牢固				
	6	中性点避雷器试验	符合 GB 50150 的相关要求				
	7	电动机裸露带电部分电气间距	符合 GB 50149 的相关要求				
	8	接地	接地可靠,符合设计要求				
一般项目	1	电缆接线及相序	固定牢固,连接紧密,相序正确				
	2	集电环与碳刷	符合产品技术要求				
	3	测温装置	指示正常,绝缘电阻≥0.5 MΩ				
	4	测速装置	接线正确,工作正常				
	5	振动、摆度、油位测量装置	接线正确,工作正常				
	6	加热器	接线正确,绝缘良好,工作正常				

检查意见：

主控项目共_____项,其中合格_____项,优良_____项,合格率_____%,优良率_____%。

一般项目共_____项,其中合格_____项,优良_____项,合格率_____%,优良率_____%。

检验人： （签字） 年　月　日	评定人： （签字） 年　月　日	监理工程师： （签字） 年　月　日

表 7102.6 机组埋件安装工序质量检查表

编号：_____

分部工程名称			单元工程名称	
安装部位			安装内容	
安装单位			开/完工日期	

项次		检验项目	质量要求（允许偏差 mm）	检验(测)记录（mm）	合格数	合格率	质量等级
一般项目	1	泵座中心线对土建中心线	□$D<1\ 600$ mm：1.5； □$D>1\ 600\sim3\ 000$ mm：2.0； □$D>3\ 000\sim4\ 500$ mm：3.0				
	2	其他埋件与泵座同轴度	□$D<1\ 600$ mm：0.8； □$D>1\ 600\sim3\ 000$ mm：1.0； □$D>3\ 000\sim4\ 500$ mm：1.5				
	3	泵座高程对设计高程	±3.0 （设计高程： ）				
	4	电动机及其他埋件高程对推算高程	±1.0				
	5	埋件水平	0.07 mm/m				
	6	埋件组合面	间隙、错位符合 SL 317 要求				
	7	垫铁安装	符合 SL 317 要求				

检查意见：
    一般项目共_____项，其中合格_____项，优良_____项，合格率_____%，优良率_____%。

检验人： （签字） 年 月 日	评定人： （签字） 年 月 日	监理工程师： （签字） 年 月 日

注：D 为叶轮直径。

_____工程

表 7102.7 卧式与斜式轴瓦研刮与轴承装配工序质量检查表

编号：_____

分部工程名称				单元工程名称	
安装部位				安装内容	
安装单位				开/完工日期	

项次		检验项目		质量要求（允许偏差 mm）		检验（测）记录（mm）	合格数	优良数	质量等级
				合格	优良				
主控项目	1	轴瓦与轴颈间隙	顶部	符合设计要求					
			两侧	顶部间隙的1/2，间隙差≤10%	顶部间隙的1/2，间隙差≤5%				
	2	推力轴瓦接触面积		≥75%总面积					
	3	轴瓦接触点		≥1 点/cm²	≥2 点/cm²				
一般项目	1	轴瓦与轴承外壳配合接触面积	圆柱面配合	≥60%	≥70%				
			球面配合	≥75%	≥80%				
	2	下轴瓦与轴颈接触角		0°～10°	0°～5°				
	3	无调节螺栓推力瓦厚度差		≤0.02					
	4	轴承座油室密封		无渗漏					
	5	滚动轴承安装		符合设计和规范要求					

检查意见：

　　主控项目共_____项，其中合格_____项，优良_____项，合格率_____%，优良率_____%。

　　一般项目共_____项，其中合格_____项，优良_____项，合格率_____%，优良率_____%。

检验人： （签字） 年　月　日	评定人： （签字） 年　月　日	监理工程师： （签字） 年　月　日

_____工程

表 7102.8 充水试验工序质量检查表

编号：_____

分部工程名称		单元工程名称	
安装部位		安装内容	
安装单位		开/完工日期	

项次		检验项目	质量要求 （允许偏差 mm）	检验(测)记录 （mm）	合格数	合格率	质量等级
一般项目	1	泵体部件与混凝土结合面	无渗漏				
	2	泵体部件组合面	无渗漏				
	3	水泵主轴填料密封出水	出水量适当				
	4	水泵油轴承密封部件出水	出水量适当				
	5	水泵检修进人孔密封	无渗漏				

检查意见：
一般项目共_____项,其中合格_____项,优良_____项,合格率_____%,优良率_____%。

检验人： （签字） 　　年 月 日	评定人： （签字） 　　年 月 日	监理工程师： （签字） 　　年 月 日

_____工程

表 7102.9　泵站机组启动试运行质量检查表

编号：_____

分部工程名称		单元工程名称	
安装部位		安装内容	
安装单位		开/完工日期	
试运行时间		年　月　日至　　年　月　日	

项次	检验项目	试运行质量要求	试运行情况	结果
1	机组开机、停机过程	符合设计和规范要求,开机、停机过程平稳,无异常振动和声响,飞逸转速在允许范围内		
2	机组断流装置	符合设计和规范要求,闸门、拍门关闭正常,无剧烈冲击,真空破坏阀动作正常		
3	各部位温度和油位	符合设计和规范要求,各部位温度、温升正常,油位正常		
4	机组各部振动	符合设计和规范要求,振动值在允许范围内,无异常		
5	电气参数	符合设计和规范要求,功率、电流、电压、频率、功率因素、励磁电流、励磁电压等电气参数正常		
6	水力参数	符合设计和合同要求,流量、效率等水力参数实测值与模型试验值和合同约定吻合		
7	噪声	符合设计和合同要求,噪声低于允许值,无异常声响,无异常气蚀声		
8	叶片调节装置	符合设计和规范要求,调节过程灵活,调节范围满足运行工况要求,叶片角度指示正常		
9	水系统	符合设计和规范要求,水量、水压正常,机组冷却、润滑效果良好,排水系统工作可靠		
10	油系统	符合设计和规范要求,油压正常,系统无异常声响和振动,启动频次正常		
11	气系统	符合设计和规范要求,气量、气压正常,系统无漏气、无异常声响		
12	通风系统	符合设计和规范要求,风量、风压正常,各部位通风良好,温度、湿度正常		
13	填料密封部件润滑	符合设计和规范要求,润滑充分、良好,出水量适当		
14	机组各部位密封	符合设计和规范要求,密封良好,无异常渗油、渗水现象		

检查意见：

　　经检验,_____号机组试运行_____。

检验人： （签字） 年　月　日	评定人： （签字） 年　月　日	监理工程师： （签字） 年　月　日

表7103 灯泡贯流式水泵机组安装单元工程质量验收评定表

单位工程名称		单元工程量	
分部工程名称		安装单位	
单元工程名称、部位		评定日期	年 月 日

项次	工序名称	主控项目			一般项目		
		个数	其中优良个数	优良率（%）	个数	其中优良个数	优良率（%）
1	水泵安装前检查						
2	电动机安装前检查						
3	机组埋件安装						
4	机组固定部件安装						
5	灯泡贯流式机组轴承安装						
6	灯泡贯流式机组转动部件安装						
7	灯泡贯流式机组其他部件安装						
8	电动机电气检查和试验						
9	充水试验						
合计							
各项试验和试运转效果							

安装单位自评意见	各项试验和单元工程试运行符合要求,各项报验资料符合规定。检验项目全部合格。检验项目优良率为_____%,其中主控项目优良率为_____%。 单元工程安装质量等级评定为:_____。 <div align="right">(签字,加盖公章)　　　年 月 日</div>
监理单位复核意见	各项试验和单元工程试运行符合要求,各项报验资料符合规定。检验项目全部合格。检验项目优良率为_____%,其中主控项目优良率为_____%。 单元工程安装质量等级评定为:_____。 <div align="right">(签字,加盖公章)　　　年 月 日</div>

注:1.主控项目和一般项目中的合格数指达到合格及其以上质量标准的项目个数。

2.检验项目优良标准率=(主控项目优良数+一般项目优良数)/检验项目总数×100%。

3.本表所填"单元工程量"不作为施工单位工程量结算计量的依据。

_____工程

表 7103.1　水泵安装前检查工序质量检查表

编号：_____

分部工程名称				单元工程名称			
安装部位				安装内容			
安装单位				开/完工日期			

项次		检验项目	质量要求 （允许偏差 mm）	检验(测)记录 （mm）	合格数	合格率	质量等级
一般项目	1	叶轮与叶轮室预装叶片间隙	±10%叶片平均间隙				
	2	泵轴、叶轮、叶轮室、泵座、底座、上座	外观完好,尺寸符合设计要求				
	3	调节机构	符合设计要求				
	4	齿轮箱	符合设计要求				

检查意见：
　一般项目共_____项,其中合格_____项,优良_____项,合格率_____%,优良率_____%。

检验人： （签字） 年　月　日	评定人： （签字） 年　月　日	监理工程师： （签字） 年　月　日

_____工程

表 7103.2　电动机安装前检查工序质量检查表

编号：_____

分部工程名称			单元工程名称	
安装部位			安装内容	
安装单位			开/完工日期	

项次		检验项目	质量要求 （允许偏差 mm）	检验(测)记录 （mm）	合格数	合格率	质量等级
一般项目	1	电气绝缘与外观	符合设计和规范要求				
	2	定子铁芯中心高度	≤6.0				
	3	转子磁极中心高度	≤2.0				
	4	推力头轴孔与轴颈配合	符合设计和规范要求				
	5	抗重螺栓配合松紧程度	符合设计和规范要求				
	6	上油槽渗漏试验	无渗漏				
	7	油槽冷却器耐压试验	无渗漏				
	8	空气冷却器耐压试验	无渗漏				

检查意见：
　　一般项目共_____项,其中合格_____项,优良_____项,合格率_____%,优良率_____%。

检验人： （签字） 年 月 日	评定人： （签字） 年 月 日	监理工程师： （签字） 年 月 日

· 325 ·

_____工程

表 7103.3　机组埋件安装工序质量检查表

编号：_____

分部工程名称				单元工程名称				
安装部位				安装内容				
安装单位				开/完工日期				

项次		检验项目	质量要求 （允许偏差 mm）	检验(测)记录 （mm）	合格数	合格率	质量等级
一般项目	1	泵座中心线对土建中心线	□D<1 600 mm：1.5； □D>1 600~3 000 mm：2.0； □D>3 000~4 500 mm：3.0				
	2	其他埋件与泵座同轴度	□D<1 600 mm：0.8； □D>1 600~3 000 mm：1.0； □D>3 000~4 500 mm：1.5				
	3	泵座高程对设计高程	±3.0 （设计高程：　　）				
	4	电动机及其他埋件高程对推算高程	±1.0				
	5	埋件水平	0.07 mm/m				
	6	埋件组合面	间隙、错位符合 SL 317 要求				
	7	垫铁安装	符合 SL 317 要求				

检查意见：

　　一般项目共_____项，其中合格_____项，优良_____项，合格率_____%，优良率_____%。

检验人： （签字） 　　年　月　日	评定人： （签字） 　　年　月　日	监理工程师： （签字） 　　年　月　日

注：D 为叶轮直径。

_____工程

表 7103.4 机组固定部件安装工序质量检查表

编号：_____

分部工程名称				单元工程名称			
安装部位				安装内容			
安装单位				开/完工日期			

项次		检验项目	质量要求（允许偏差 mm）		检验（测）记录（mm）	合格数	优良数	质量等级
			合格	优良				
主控项目	1	单止口轴承座平面水平	0.07 mm/m	0.05 mm/m				
	2	定子铁芯上部同轴度	±5% 设计空气间隙	±4% 设计空气间隙				
	3	定子铁芯下部同轴度	±5% 设计空气间隙	±4% 设计空气间隙				
	4	定子铁芯上下部同轴度差值	±5% 设计空气间隙	±4% 设计空气间隙				
一般项目	1	电动机上机架水平	0.10 mm/m	0.08 mm/m				
	2	电动机下机架水平	0.10 mm/m	0.08 mm/m				
	3	电动机上机架同轴度	1.00	0.80				
	4	电动机下机架同轴度	1.00	0.80				
	5	水泵导轴承座下止口同轴度	0.08	0.06				
	6	组合面	间隙、错位符合 SL 317 要求					

检查意见：

主控项目共_____项，其中合格_____项，优良_____项，合格率_____%，优良率_____%。

一般项目共_____项，其中合格_____项，优良_____项，合格率_____%，优良率_____%。

检验人：	评定人：	监理工程师：
（签字）	（签字）	（签字）
年 月 日	年 月 日	年 月 日

_____工程

表 7103.5　灯泡贯流式机组轴承安装工序质量检查表

编号：_____

分部工程名称					单元工程名称				
安装部位					安装内容				
安装单位					开/完工日期				

项次		检验项目		质量要求（允许偏差 mm）		检验(测)记录（mm）	合格数	优良数	质量等级
				合格	优良				
主控项目	1	镜板与主轴垂直度		0.05 mm/m	0.04 mm/m				
	2	轴瓦间隙	顶部间隙	符合设计要求					
			两侧间隙	顶部间隙的1/2,间隙差≤10%	顶部间隙的1/2,间隙差≤5%				
	3	下轴瓦与轴颈接触点		≥1 点/cm²	≥2 点/cm²				
	4	滚动轴承安装		符合设计和规范要求					
一般项目	1	分瓣推力盘组合缝		间隙≤0.05；错牙≤0.02,且后块不凸于前块	间隙≤0.04；错牙≤0.02,且后块不凸于前块				
	2	轴瓦与轴承座配合承力面接触面积		≥60%	≥70%				
	3	下轴瓦与轴颈接触角		0°~10°	0°~5°				
	4	轴承体组合缝间隙		符合设计和规范要求					
	5	轴承体对地绝缘		符合设计要求					

检查意见：

主控项目共_____项,其中合格_____项,优良_____项,合格率_____%,优良率_____%。

一般项目共_____项,其中合格_____项,优良_____项,合格率_____%,优良率_____%。

检验人：	评定人：	监理工程师：
（签字）　　　年 月 日	（签字）　　　年 月 日	（签字）　　　年 月 日

_____工程

表 7103.6　灯泡贯流式机组转动部件安装工序质量检查表

编号：_____

分部工程名称				单元工程名称				
安装部位				安装内容				
安装单位				开/完工日期				

项次		检验项目	质量要求（允许偏差 mm）		检验(测)记录（mm）	合格数	优良数	质量等级
			合格	优良				
主控项目	1	联轴器两轴心径向位移	符合 GB 50231 的要求					
	2	联轴器两轴线倾斜	符合 GB 50231 的要求					
	3	空气间隙	±10%平均间隙	±8%平均间隙				
	4	摆度　各轴颈处	0.03					
		摆度　联轴器侧面	0.10	0.05				
		摆度　滑环处	0.20	0.15				
	5	操作油管连接、主轴连接严密性试验	符合设计要求					
一般项目	1	联轴器端面间隙	符合 GB 50231 要求					
	2	镜板端面跳动	0.02					
	3	正反向推力瓦总间隙	0.10	0.08				
	4	磁场中心	±1.0					
	5	齿轮箱	水平或倾角、油位符合设计和规范要求,无渗油					
	6	挡风板与转子径向间隙	20%设计间隙					
	7	挡风板与转子轴向间隙	20%设计间隙					

检查意见：

　　主控项目共_____项,其中合格_____项,优良_____项,合格率_____%,优良率_____%。

　　一般项目共_____项,其中合格_____项,优良_____项,合格率_____%,优良率_____%。

检验人：	评定人：	监理工程师：
（签字） 年 月 日	（签字） 年 月 日	（签字） 年 月 日

_____工程

表 7103.7 灯泡贯流式机组其他部件安装工序质量检查表

编号：_____

分部工程名称			单元工程名称	
安装部位			安装内容	
安装单位			开/完工日期	

项次		检验项目	质量要求（允许偏差 mm）		检验(测)记录（mm）	合格数	优良数	质量等级
			合格	优良				
主控项目	1	水泵叶轮耐压试验	符合设计要求					
	2	叶片间隙	符合设计要求					
	3	灯泡体组合面严密性试验	符合设计要求,无泄漏					
一般项目	1	叶轮与主轴联结面合缝间隙	符合设计要求					
	2	叶片动作试验	动作压力≤15%额定工作压力,动作平稳					
	3	叶片调节机构	符合设计要求					
	4	密封环与主轴端面间隙	局部间隙≤0.10	局部间隙≤0.05				
	5	密封环与主轴径向间隙	±20%平均间隙	±15%平均间隙				
	6	填料函挡环与轴颈单侧间隙	0.25~0.50					
	7	空气围带密闭性	符合设计要求					

检查意见：

　　主控项目共_____项,其中合格_____项,优良_____项,合格率_____%,优良率_____%。

　　一般项目共_____项,其中合格_____项,优良_____项,合格率_____%,优良率_____%。

检验人：	评定人：	监理工程师：
（签字） 年　月　日	（签字） 年　月　日	（签字） 年　月　日

_____工程

表 7103.8 电动机电气检查和试验工序质量检查表

编号:_____

分部工程名称			单元工程名称			
安装部位			安装内容			
安装单位			开/完工日期			

项次		检验项目	质量要求 (允许偏差 mm)	检验(测)记录 (mm)	合格数	合格率	质量等级
主控项目	1	绕组绝缘电阻和吸收比	符合 GB 50150、SL 317 的相关要求				
	2	绕组直流电阻	相间误差<2%, 线间误差<1%				
	3	定子绕组直流耐压试验和泄漏电流	符合 GB 50150 的相关要求				
	4	绕组交流耐压试验	符合 GB 50150 的相关要求				
	5	定子绕组极性及连接	极性正确、连接牢固				
	6	中性点避雷器试验	符合 GB 50150 的相关要求				
	7	电动机裸露带电部分电气间距	符合 GB 50149 的相关要求				
	8	接地	接地可靠,符合设计要求				
一般项目	1	电缆接线及相序	固定牢固,连接紧密,相序正确				
	2	集电环与碳刷	符合产品技术要求				
	3	测温装置	指示正常,绝缘电阻≥0.5 MΩ				
	4	测速装置	接线正确,工作正常				
	5	振动、摆度、油位测量装置	接线正确,工作正常				
	6	加热器	接线正确,绝缘良好,工作正常				

检查意见:

主控项目共_____项,其中合格_____项,优良_____项,合格率_____%,优良率_____%。

一般项目共_____项,其中合格_____项,优良_____项,合格率_____%,优良率_____%。

检验人:	评定人:	监理工程师:
(签字)	(签字)	(签字)
年 月 日	年 月 日	年 月 日

_____工程

表 7103.9 充水试验工序质量检查表

编号：_____

分部工程名称				单元工程名称			
安装部位				安装内容			
安装单位				开/完工日期			

项次		检验项目	质量要求 （允许偏差 mm）	检验(测)记录 （mm）	合格数	合格率	质量等级
一般项目	1	泵体部件与混凝土结合面	无渗漏				
	2	泵体部件组合面	无渗漏				
	3	水泵主轴填料密封出水	出水量适当				
	4	水泵油轴承密封部件出水	出水量适当				
	5	水泵检修进人孔密封	无渗漏				

检查意见：
　　一般项目共_____项,其中合格_____项,优良_____项,合格率_____%,优良率_____%。

检验人： （签字） 　　年　月　日	评定人： （签字） 　　年　月　日	监理工程师： （签字） 　　年　月　日

_____工程

表 7103.10　泵站机组启动试运行质量检查表

编号：_____

分部工程名称		单元工程名称			
安装部位		安装内容			
安装单位		开/完工日期			
试运行时间		年　月　日至　　年　月　日			
项次	检验项目	试运行质量要求	试运行情况		结果
1	机组开机、停机过程	符合设计和规范要求,开机、停机过程平稳,无异常振动和声响,飞逸转速在允许范围内			
2	机组断流装置	符合设计和规范要求,闸门、拍门关闭正常,无剧烈冲击,真空破坏阀动作正常			
3	各部位温度和油位	符合设计和规范要求,各部位温度、温升正常,油位正常			
4	机组各部振动	符合设计和规范要求,振动值在允许范围内,无异常			
5	电气参数	符合设计和规范要求,功率、电流、电压、频率、功率因素、励磁电流、励磁电压等电气参数正常			
6	水力参数	符合设计和合同要求,流量、效率等水力参数实测值与模型试验值和合同约定吻合			
7	噪声	符合设计和合同要求,噪声低于允许值,无异常声响,无异常气蚀声			
8	叶片调节装置	符合设计和规范要求,调节过程灵活,调节范围满足运行工况要求,叶片角度指示正常			
9	水系统	符合设计和规范要求,水量、水压正常,机组冷却、润滑效果良好,排水系统工作可靠			
10	油系统	符合设计和规范要求,油压正常,系统无异常声响和振动,启动频次正常			
11	气系统	符合设计和规范要求,气量、气压正常,系统无漏气、无异常声响			
12	通风系统	符合设计和规范要求,风量、风压正常,各部位通风良好,温度、湿度正常			
13	填料密封部件润滑	符合设计和规范要求,润滑充分、良好,出水量适当			
14	机组各部位密封	符合设计和规范要求,密封良好,无异常渗油、渗水现象			

检查意见：

　　经检验,_____号机组试运行_____。

检验人： （签字） 年　月　日	评定人： （签字） 年　月　日	监理工程师： （签字） 年　月　日

_____工程

表 7104 离心泵安装单元工程质量验收评定表

单位工程名称			单元工程量	
分部工程名称			安装单位	
单元工程名称、部位			评定日期	

项次	项目	主控项目(个)		一般项目(个)	
		合格数	优良数	合格数	优良数
1	单元工程安装质量				
	各项试验和试运转效果				

安装单位自评意见	各项试验和单元工程试运行符合要求,各项报验资料符合规定。检验项目全部合格。检验项目优良率为_____%,其中主控项目优良率为_____%。 单元工程安装质量等级评定为:_____。 (签字,加盖公章)　　　　年　月　日
监理单位复核意见	各项试验和单元工程试运行符合要求,各项报验资料符合规定。检验项目全部合格。检验项目优良率为_____%,其中主控项目优良率为_____%。 单元工程安装质量等级评定为:_____。 (签字,加盖公章)　　　　年　月　日

表 7104.1 离心泵安装单元工程质量检查表

编号：_____

分部工程名称			单元工程名称	
安装部位			安装内容	
安装单位			开/完工日期	

项次		检验项目		质量要求		实测值	合格数	优良数	质量等级
				合格	优良				
主控项目	1	叶轮和密封环间隙		符合设备技术文件的规定					
	2	联轴器径向位移							
	3	轴线倾斜度（mm/m）		0.20	0.10				
	4	辅助设备安装位置	平面位置（mm）	±10	±5				
	5		高程（mm）	+20 −10	+10 −5				
一般项目	1	机座纵、横向水平度（mm/m）		0.10	0.08				
	2	多级泵叶轮轴向间隙		大于推力头轴向间隙					
	3	联轴器端面间隙		符合设备技术文件的规定					
	4	离心泵内部清理		畅通、无异物					

检查意见：

　　主控项目共_____项,其中合格_____项,优良_____项,合格率_____%,优良率_____%。

　　一般项目共_____项,其中合格_____项,优良_____项,合格率_____%,优良率_____%。

检验人：	评定人：	监理工程师：
（签字）　　年　月　日	（签字）　　年　月　日	（签字）　　年　月　日

_____工程

表 7104.2 离心泵安装单元工程试运转质量检查表

编号:_____

分部工程名称			单元工程名称	
安装部位			安装内容	
安装单位			试运转日期	

项次		检验项目	试运转要求	试运转情况	结果
离心泵试运转(在额定负荷下试运转不小于2 h)	1	各固定连接部位检查	无松动、渗漏现象		
	2	转子及各运动部件检查	运转正常,无异常声响和摩擦现象		
	3	附属系统检查	运转正常,管道连接牢固无渗漏		
	4	轴承温度	滑动轴承的温度不大于 70 ℃,滚动轴承的温度不大于 80 ℃		
	5	各润滑点的润滑油温度、密封液和冷却水的温度	均符合设备技术文件的规定		
	6	机械密封的泄漏量	≤5 mL/h,填料密封的泄漏量不大于表 G-6 的规定,且温升正常		
	7	水泵压力、流量	符合设计规定		
	8	测量轴承体处振动值	在运转无空蚀的条件下测量;振动速度有效值的测量方法按 GB/T 10889 的有关规定执行		
	9	电动机电流	不超过额定值		
	10	安全、保护和电控装置及各部分仪表	均灵敏、正确、可靠		

检查意见:

检验人: (签字) 年 月 日	评定人: (签字) 年 月 日	监理工程师: (签字) 年 月 日

表 7105 水环式真空泵安装单元工程质量验收评定表

单位工程名称		单元工程量	
分部工程名称		安装单位	
单元工程名称、部位		评定日期	

项次	项目	主控项目(个)		一般项目(个)	
		合格数	优良数	合格数	优良数
1	水环式真空泵单元工程安装质量				
2	气水分离泵单元工程安装质量				
	各项试验和试运转效果				

安装单位自评意见	各项试验和单元工程试运行符合要求,各项报验资料符合规定。检验项目全部合格。检验项目优良率为_____%,其中主控项目优良率为_____%。 单元工程安装质量等级评定为:_____。 (签字,加盖公章)　　　年　月　日
监理单位复核意见	各项试验和单元工程试运行符合要求,各项报验资料符合规定。检验项目全部合格。检验项目优良率为_____%,其中主控项目优良率为_____%。 单元工程安装质量等级评定为:_____。 (签字,加盖公章)　　　年　月　日

_____工程

表 7105.1　水环式真空泵安装单元工程质量检查表

编号：_____

分部工程名称				单元工程名称			
安装部位				安装内容			
安装单位				开/完工日期			

项次		检验项目		质量要求		实测值	合格数	优良数	质量等级
				合格	优良				
主控项目	1	联轴器径向位移		符合设备技术文件的规定					
	2	轴线倾斜度（mm/m）		0.20	0.10				
	3	辅助设备安装位置	平面位置（mm）	±10	±5				
	4		高程（mm）	+20 −10	+10 −5				
一般项目	1	机座纵、横向水平度（mm/m）		0.10	0.08				
	2	联轴器端面间隙		符合设备技术文件的规定					
	3	真空泵内部清理		畅通、无异物					

检查意见：

主控项目共_____项，其中合格_____项，优良_____项，合格率_____%，优良率_____%。

一般项目共_____项，其中合格_____项，优良_____项，合格率_____%，优良率_____%。

检验人： （签字） 年　月　日	评定人： （签字） 年　月　日	监理工程师： （签字） 年　月　日

工程

表 7105.2　气水分离器安装单元工程质量检查表

编号：_____

分部工程名称			单元工程名称	
安装部位			安装内容	
安装单位			开/完工日期	

项次		检验项目	质量要求		实测值	合格数	优良数	质量等级
			合格	优良				
主控项目	1	本体水平度（mm/m）	1.0	0.5				
	2	辅助设备安装位置 平面位置（mm）	±10	±5				
	3	高程（mm）	+20 -10	+10 -5				
一般项目	1	本体中心（mm）	±5	±3				
	2	进水孔与外部供水管连接管道	畅通、无异物					
	3	气水分离器内部清理						

检查意见：

　主控项目共_____项，其中合格_____项，优良_____项，合格率_____%，优良率_____%。

　一般项目共_____项，其中合格_____项，优良_____项，合格率_____%，优良率_____%。

检验人：	评定人：	监理工程师：
（签字） 年　月　日	（签字） 年　月　日	（签字） 年　月　日

_____工程

表 7105.3　水环式真空泵安装单元工程试运转质量检查表

编号：_____

分部工程名称			单元工程名称	
安装部位			安装内容	
安装单位			试运转日期	

项次		检验项目	试运转要求	试运转情况	结果
水环式真空泵试运转（在规定的转速下和工作范围内进行试运转，连续试运转时间不少于 30 min）	1	泵填料函处的冷却水管道	畅通		
	2	泵的供水	正常		
	3	水温和供水压力	符合设备技术文件的规定		
	4	轴承的温度	温升不高于 30 ℃，其温度不高于 75 ℃		
	5	各连接部件检查	严密，无泄漏现象		
	6	运转检查	无异常声响和异常振动		
	7	电动机电流	不超过额定值		

检查意见：

检验人：

　　　　　　（签字）

　　　　　年 月 日

评定人：

　　　　　　（签字）

　　　　　年 月 日

监理工程师：

　　　　　　（签字）

　　　　　年 月 日

_____工程

表 7106　深井泵安装单元工程质量验收评定表

单位工程名称		单元工程量	
分部工程名称		安装单位	
单元工程名称、部位		评定日期	

项次	项目	主控项目(个)		一般项目(个)	
		合格数	优良数	合格数	优良数
1	单元工程安装质量				
	各项试验和试运转效果				

安装单位自评意见	各项试验和单元工程试运行符合要求,各项报验资料符合规定。检验项目全部合格。检验项目优良率为_____%,其中主控项目优良率为_____%。 单元工程安装质量等级评定为:_____。 　　　　　　　　　　　　　　　　　　(签字,加盖公章)　　　年　月　日
监理单位复核意见	各项试验和单元工程试运行符合要求,各项报验资料符合规定。检验项目全部合格。检验项目优良率为_____%,其中主控项目优良率为_____%。 单元工程安装质量等级评定为:_____。 　　　　　　　　　　　　　　　　　　(签字,加盖公章)　　　年　月　日

_____工程

表 7106.1　深井泵安装单元工程质量检查表

编号：_____

分部工程名称					单元工程名称				
安装部位					安装内容				
安装单位					开/完工日期				

项次		检验项目		质量要求		实测值	合格数	优良数	质量等级
				合格	优良				
主控项目	1	叶轮轴向窜动量(mm)		6~8					
	2	泵轴提升量		符合设备技术文件的规定					
	3	辅助设备安装位置	平面位置（mm）	±10	±5				
	4		高程（mm）	+20 −10	+10 −5				
一般项目	1	各级叶轮与密封环间隙		符合设备技术文件的规定					
	2	叶轮轴向间隙							
	3	叶轮与导流壳轴向间隙		符合设备技术文件的规定，锁紧装置应牢固					
	4	泵轴伸出长度(mm)		≤2	≤1				
	5	泵轴与电动机轴线偏心(mm)		0.15	0.1				
	6	泵轴与电动机轴线倾斜度(mm/m)		0.50	0.20				
	7	机座纵、横向水平度(mm/m)		0.10	0.08				
	8	扬水管连接		符合设备技术文件的规定					

检查意见：
　主控项目共_____项,其中合格_____项,优良_____项,合格率_____%,优良率_____%。
　一般项目共_____项,其中合格_____项,优良_____项,合格率_____%,优良率_____%。

检验人：　　　　　　　　　　（签字）　　　　　年　月　日	评定人：　　　　　　　　　　（签字）　　　　　年　月　日	监理工程师：　　　　　　　　（签字）　　　　　年　月　日

_____工程

表 7106.2 深井泵安装单元工程试运转质量检查表

编号：_____

分部工程名称		单元工程名称	
安装部位		安装内容	
安装单位		试运转日期	

项次		检验项目	试运转要求	试运转情况	结果
深井泵试运转（在额定负荷下连续试运转不小于2h）	1	各固定连接部位检查	无松动及渗漏		
	2	转子及各运动部件检查	运转正常，无异常声响和摩擦现象		
	3	附属系统检查	运转正常，管道连接牢固无渗漏		
	4	轴承温度	滑动轴承的温度不大于70℃；滚动轴承的温度不大于80℃		
	5	各润滑点的润滑油温度、密封液和冷却水的温度	均应符合设备技术文件的规定		
	6	水泵压力、流量	应符合设计规定		
	7	轴封泄漏量	符合G-10的要求		
	8	轴承体处振动值测量	在运转无空蚀的条件下测振动速度有效值的测量方法可按GB/T10889的有关规定执行		
	9	电动机电流	不超过额定值		
	10	安全、保护和电控装置及各部分仪表	均灵敏、正确、可靠		

检查意见：

检验人：	评定人：	监理工程师：
（签字） 年 月 日	（签字） 年 月 日	（签字） 年 月 日

_____工程

表 7107　潜水泵机组安装单元工程质量验收评定表

单位工程名称		单元工程量	
分部工程名称		安装单位	
单元工程名称、部位		评定日期	

项次	项目	主控项目(个)		一般项目(个)	
		合格数	优良数	合格数	优良数
1	单元工程安装质量				
	各项试验和试运转效果				

安装单位自评意见	各项试验和单元工程试运行符合要求,各项报验资料符合规定。检验项目全部合格。检验项目优良率为_____%,其中主控项目优良率为_____%。 单元工程安装质量等级评定为:_____。 (签字,加盖公章)　　　　年 月 日
监理单位复核意见	各项试验和单元工程试运行符合要求,各项报验资料符合规定。检验项目全部合格。检验项目优良率为_____%,其中主控项目优良率为_____%。 单元工程安装质量等级评定为:_____。 (签字,加盖公章)　　　　年 月 日

_____工程

表 7107.1　潜水泵安装单元工程质量检查表

编号:_____

分部工程名称					单元工程名称			
安装部位					安装内容			
安装单位					开/完工日期			

项次		检验项目	质量要求		实测值	合格数	优良数	质量等级
			合格	优良				
主控项目	1	潜水泵、电缆线安装前浸水试验	符合设备技术文件的规定					
	2	潜水泵安装	符合设计要求和设备技术文件的规定					
	3	辅助设备安装位置	平面位置（mm）	±10	±5			
	4		高程（mm）	+20 −10	+10 −5			

检查意见：
　　主控项目共_____项,其中合格_____项,优良_____项,合格率_____%,优良率_____%。

检验人:	评定人:	监理工程师:
（签字）　　　年　月　日	（签字）　　　年　月　日	（签字）　　　年　月　日

_____工程

表 7107.2 潜水泵安装单元工程试运转质量检查表

编号：_____

分部工程名称			单元工程名称	
安装部位			安装内容	
安装单位			试运转日期	

项次		检验项目	试运转要求	试运转情况	结果
潜水泵试运转（在额定负荷下试运转不小于2 h）	1	各固定连接部位检查	无松动及渗漏		
	2	运转情况	运转正常，无异常声响和摩擦现象		
	3	管道连接检查	应牢固无渗漏		
	4	水泵压力、流量	符合设计要求		
	5	安全、保护和电控装置及仪表	均灵敏、正确、可靠		
	6	电动机电流	不超过额定值		

检查意见：

检验人：	评定人：	监理工程师：
（签字） 年 月 日	（签字） 年 月 日	（签字） 年 月 日

·346·

_____工程

表7108 齿轮油泵安装单元工程质量验收评定表

单位工程名称			单元工程量		
分部工程名称			安装单位		
单元工程名称、部位			评定日期		

项次	项目	主控项目(个)		一般项目(个)	
		合格数	优良数	合格数	优良数
1	单元工程安装质量				
	各项试验和试运转效果				

安装单位自评意见	各项试验和单元工程试运行符合要求,各项报验资料符合规定。检验项目全部合格。检验项目优良率为_____%,其中主控项目优良率为_____%。 单元工程安装质量等级评定为:_____。 (签字,加盖公章)　　　　年　月　日
监理单位复核意见	各项试验和单元工程试运行符合要求,各项报验资料符合规定。检验项目全部合格。检验项目优良率为_____%,其中主控项目优良率为_____%。 单元工程安装质量等级评定为:_____。 (签字,加盖公章)　　　　年　月　日

_____工程

表 7108.1　齿轮油泵安装单元工程质量检查表

编号：_____

分部工程名称				单元工程名称			
安装部位				安装内容			
安装单位				开/完工日期			

项次		检验项目	质量要求 合格	质量要求 优良	实测值	合格数	优良数	质量等级
主控项目	1	齿轮与泵体径向间隙（mm）	0.13~0.16					
	2	联轴器径向位移	符合设备技术文件的规定					
	3	轴线倾斜度	符合设备技术文件的规定					
	4	辅助设备安装位置 平面位置（mm）	±10	±5				
	5	辅助设备安装位置 高程（mm）	+20 −10	+10 −5				
一般项目	1	机座纵、横向水平度（mm/m）	0.20	0.10				
	2	齿轮与泵体轴向间隙（mm）	0.02~0.03					
	3	联轴器端面间隙	符合设备技术文件的规定					
	4	轴中心（mm）	0.1	0.08				
	5	油泵内部清理	畅通、无异物					

检查意见：

　　主控项目共_____项,其中合格_____项,优良_____项,合格率_____%,优良率_____%。

　　一般项目共_____项,其中合格_____项,优良_____项,合格率_____%,优良率_____%。

检验人：	评定人：	监理工程师：
（签字） 年 月 日	（签字） 年 月 日	（签字） 年 月 日

_____工程

表 7108.2　齿轮油泵安装单元工程试运转质量检查表

编号：_____

分部工程名称				单元工程名称	
安装部位				安装内容	
安装单位				试运转日期	

项次		检验项目	试运转要求	试运转情况	结果
油泵试运转(在空载情况下运转 1 h 和在额定负荷的 25%、50%、75%、100% 各运转 30 min)	1	运转情况	无异常声响和异常振动,各结合面无松动、无渗漏		
	2	油泵外壳振动	≤0.05 mm		
	3	轴承温升	不高于 35 ℃ 或不应比油温高 20 ℃		
	4	齿轮油泵的压力波动	不超过设计值的±1.5%		
	5	油泵输油量	不小于铭牌标示流量		
	6	机械密封的泄漏量	符合设备技术文件的规定		
	7	螺杆油泵停止检查	不反转		
	8	安全阀检查	工作灵敏、可靠		
	9	油泵电动机电流	不超过额定值		

检查意见：

检验人： （签字） 年 月 日	评定人： （签字） 年 月 日	监理工程师： （签字） 年 月 日

_____工程

表7109 螺杆油泵安装单元工程质量验收评定表

单位工程名称		单元工程量	
分部工程名称		安装单位	
单元工程名称、部位		评定日期	

项次	项目	主控项目(个)		一般项目(个)	
		合格数	优良数	合格数	优良数
1	单元工程安装质量				
	各项试验和试运转效果				

安装单位自评意见	各项试验和单元工程试运行符合要求,各项报验资料符合规定。检验项目全部合格。检验项目优良率为_____%,其中主控项目优良率为_____%。 单元工程安装质量等级评定为:_____。 (签字,加盖公章)　　　　年　月　日
监理单位复核意见	各项试验和单元工程试运行符合要求,各项报验资料符合规定。检验项目全部合格。检验项目优良率为_____%,其中主控项目优良率为_____%。 单元工程安装质量等级评定为:_____。 (签字,加盖公章)　　　　年　月　日

表 7109.1 螺杆油泵安装单元工程质量检查表

编号：_____

分部工程名称					单元工程名称			
安装部位					安装内容			
安装单位					开/完工日期			

项次		检验项目		质量要求		实测值	合格数	优良数	质量等级
				合格	优良				
主控项目	1	螺杆与衬套间隙		符合设备技术文件的规定					
	2	联轴器径向位移							
	3	轴中心（mm）		0.05	0.03				
	4	辅助设备安装位置	平面位置（mm）	±10	±5				
	5		高程（mm）	+20 −10	+10 −5				
一般项目	1	机座纵、横向水平度（mm/m）		0.05	0.03				
	2	螺杆接触面		符合设备技术文件的规定					
	3	螺杆端部与止推轴承间隙							
	4	轴线倾斜度							
	5	联轴器端面间隙							
	6	油泵内部清理		畅通、无异物					

检查意见：
    主控项目共_____项,其中合格_____项,优良_____项,合格率_____%,优良率_____%。
    一般项目共_____项,其中合格_____项,优良_____项,合格率_____%,优良率_____%。

检验人：	评定人：	监理工程师：
（签字） 年 月 日	（签字） 年 月 日	（签字） 年 月 日

_____工程

表 7109.2 螺杆油泵安装单元工程试运转质量检查表

编号：_____

分部工程名称			单元工程名称	
安装部位			安装内容	
安装单位			试运转日期	

项次		检验项目	试运转要求	试运转情况	结果
油泵试运转（在空载情况下运转 1 h 和在额定负荷的 25%、50%、75%、100% 各运转 30 min）	1	运转情况	无异常声响和异常振动,各结合面无松动、无渗漏		
	2	油泵外壳振动值	≤0.05 mm		
	3	轴承温升	不应高于 35 ℃或不应比油温高 20 ℃		
	4	齿轮油泵的压力波动	不超过设计值的±1.5%		
	5	油泵输油量	不小于铭牌标示流量		
	6	机械密封的泄漏量	符合设备技术文件的规定		
	7	螺杆油泵停止检查	不反转		
	8	安全阀检查	工作灵敏、可靠		
	9	油泵电动机电流	不超过额定值		

检查意见：

检验人： （签字） 年 月 日	评定人： （签字） 年 月 日	监理工程师： （签字） 年 月 日

_____工程

表 7110 滤水器安装单元工程质量验收评定表

单位工程名称		单元工程量	
分部工程名称		安装单位	
单元工程名称、部位		评定日期	

项次	项目	主控项目(个)		一般项目(个)	
		合格数	优良数	合格数	优良数
1	单元工程安装质量				
	各项试验和试运转效果				

安装单位自评意见	各项试验和单元工程试运行符合要求,各项报验资料符合规定。检验项目全部合格。检验项目优良率为_____%,其中主控项目优良率为_____%。 单元工程安装质量等级评定为:_____。 　　　　　　　　　　　　　　　　(签字,加盖公章)　　　年 月 日
监理单位复核意见	各项试验和单元工程试运行符合要求,各项报验资料符合规定。检验项目全部合格。检验项目优良率为_____%,其中主控项目优良率为_____%。 单元工程安装质量等级评定为:_____。 　　　　　　　　　　　　　　　　(签字,加盖公章)　　　年 月 日

表 7110.1　滤水器安装单元工程质量检查表

编号：_____

分部工程名称				单元工程名称				
安装部位				安装内容				
安装单位				开/完工日期				

项次		检验项目		质量要求		实测值	合格数	优良数	质量等级
				合格	优良				
主控项目	1	本体水平度(mm/m)		1	0.5				
	2	辅助设备安装位置	平面位置（mm）	±10	±5				
	3		高程（mm）	+20 −10	+10 −5				
一般项目	1	本体中心(mm)		±5	±3				
	2	滤水器内部清理		畅通、无异物					

检查意见：
　　主控项目共_____项,其中合格_____项,优良_____项,合格率_____%,优良率_____%。
　　一般项目共_____项,其中合格_____项,优良_____项,合格率_____%,优良率_____%。

检验人：	评定人：	监理工程师：
（签字）　　年　月　日	（签字）　　年　月　日	（签字）　　年　月　日

工程

表 7110.2　滤水器安装单元工程试运转质量检查表

编号：＿＿＿＿＿＿＿

分部工程名称				单元工程名称		
安装部位				安装内容		
安装单位				试运转日期		

项次		检验项目	试运转要求	试运转情况	结果
滤水器试运转（在额定负荷下，手动、自动启动清污系统，分别连续运转1 h）	1	滤水器各转动部件检查	未出现卡阻、拒动现象，电气控制箱上的各信号工作正常，阀门开关位置正确		
	2	运转情况	无异常声响和异常振动，各连接部分无松动、无渗漏		
	3	滤水器压力、压差、流量	应符合设计规定		
	4	电动机电流	不超过额定值		
	5	安全、保护和电控装置及仪表	均灵敏、正确、可靠		

检查意见：

检验人： （签字） 年 月 日	评定人： （签字） 年 月 日	监理工程师： （签字） 年 月 日

第 2 章　压缩机与通风机安装工程

_____工程

表 7201　空气压缩机安装单元工程质量验收评定表

单位工程名称		单元工程量	
分部工程名称		安装单位	
单元工程名称、部位		评定日期	

项次	项目	主控项目(个)		一般项目(个)	
		合格数	优良数	合格数	优良数
1	空气压缩机单元工程安装质量				
2	空气压缩机附属设备单元工程安装质量				
各项试验和试运转效果					
安装单位自评意见	各项试验和单元工程试运行符合要求,各项报验资料符合规定。检验项目全部合格。检验项目优良率为_____%,其中主控项目优良率为_____%。 单元工程安装质量等级评定为:_____。 (签字,加盖公章)　　　　年　月　日				
监理单位复核意见	各项试验和单元工程试运行符合要求,各项报验资料符合规定。检验项目全部合格。检验项目优良率为_____%,其中主控项目优良率为_____%。 单元工程安装质量等级评定为:_____。 (签字,加盖公章)　　　　年　月　日				

_____工程

表 7201.1　空气压缩机安装单元工程质量检查表

编号：_____

分部工程名称				单元工程名称			
安装部位				安装内容			
安装单位				开/完工日期			

项次		检验项目		质量要求		实测值	合格数	优良数	质量等级
				合格	优良				
主控项目	1	机座纵、横向水平度（mm/m）		0.10	0.08				
	2	辅助设备安装位置	平面位置（mm）	±10	±5				
	3		高程（mm）	+20 −10	+10 −5				
一般项目	1	皮带轮端面垂直度（mm/m）		0.50	0.30				
	2	皮带轮端面同面性（mm）		0.50	0.20				
	3	空气压缩机内部清理		畅通、无异物					

检查意见：

　　主控项目共_____项,其中合格_____项,优良_____项,合格率_____%,优良率_____%。

　　一般项目共_____项,其中合格_____项,优良_____项,合格率_____%,优良率_____%。

检验人：　　　　　　　　　　（签字）　　　　年 月 日	评定人：　　　　　　　　　　（签字）　　　　年 月 日	监理工程师：　　　　　　　　　　（签字）　　　　年 月 日

· 358 ·

_____工程

表 7201.2 空气压缩机附属设备安装单元工程质量检查表

编号：_____

分部工程名称				单元工程名称			
安装部位				安装内容			
安装单位				开/完工日期			

项次		检验项目	质量要求		实测值	合格数	优良数	质量等级
			合格	优良				
主控项目	1	管口方位、地脚螺栓和基础的位置	符合设计要求					
一般项目	1	附属管道	清洁、畅通					
	2	管道与空气压缩机之间的连接	符合设计要求					

检查意见：
主控项目共_____项,其中合格_____项,优良_____项,合格率_____%,优良率_____%。
一般项目共_____项,其中合格_____项,优良_____项,合格率_____%,优良率_____%。

检验人：	评定人：	监理工程师：
（签字） 年 月 日	（签字） 年 月 日	（签字） 年 月 日

_____工程

表 7201.3 空气压缩机安装单元工程试运转质量检查表

编号：_____

分部工程名称				单元工程名称		
安装部位				安装内容		
安装单位				试运转日期		
项次		检验项目	试运转要求	试运转情况		结果
空载试运转（5 min、30 min 和 2 h以上）	1	每次启动运转前空气压缩机润滑情况	均正常			
	2	运转中油压、油温和各摩擦部位的温度	均符合设备技术文件的规定			
	3	运转中各运动部件声音检查	无异常声响			
	4	各紧固件检查	无松动			
带负荷试运转（按额定压力25%连续运转1 h,额定压力50%、75%各连续运转2 h,额定压力下连续运转不小于3 h）	1	运转中油压	≥0.1 MPa			
	2	曲轴箱或机身内润滑油的温度	≤70 ℃			
	3	渗油	无			
	4	漏气	无			
	5	漏水	无			
	6	各级排气、排水温度	符合设备技术文件的规定			
	7	各级安全阀动作	压力正确,动作灵敏			
	8	自动控制装置	灵敏、可靠			
	9	振动值	符合设备技术文件的有关规定			

检查意见：

检验人： （签字） 年 月 日	评定人： （签字） 年 月 日	监理工程师： （签字） 年 月 日

表 7202　离心通风机安装单元工程质量验收评定表

单位工程名称		单元工程量	
分部工程名称		安装单位	
单元工程名称、部位		评定日期	

项次	项目	主控项目(个)		一般项目(个)	
		合格数	优良数	合格数	优良数
1	单元工程安装质量				
	各项试验和试运转效果				

安装单位自评意见	各项试验和单元工程试运行符合要求,各项报验资料符合规定。检验项目全部合格。检验项目优良率为_____%,其中主控项目优良率为_____%。 单元工程安装质量等级评定为:_____。 (签字,加盖公章)　　　　年　月　日
监理单位复核意见	各项试验和单元工程试运行符合要求,各项报验资料符合规定。检验项目全部合格。检验项目优良率为_____%,其中主控项目优良率为_____%。 单元工程安装质量等级评定为:_____。 (签字,加盖公章)　　　　年　月　日

_____工程

表 7202.1 离心通风机安装单元工程质量检查表

编号：_____

分部工程名称				单元工程名称			
安装部位				安装内容			
安装单位				开/完工日期			

项次		检验项目	质量要求 合格	质量要求 优良	实测值	合格数	优良数	质量等级
主控项目	1	轴承孔对主轴轴线在平面内的对称度（mm）	0.06					
	2	机壳进风口或密封圈与叶轮进口圈的轴向插入深度	符合设备技术文件的规定或 $D/100$（D 为叶轮外径,mm）					
	3	辅助设备安装位置 平面位置（mm）	±10	±5				
	4	辅助设备安装位置 高程（mm）	+20 −10	+10 −5				
一般项目	1	轴承箱纵、横向水平度	符合设备技术文件的规定					
	2	左、右分开式轴承箱中分面纵、横向水平度（mm/m）	纵向：0.04 横向：0.08					
	3	主轴轴颈水平度（mm/m）	0.04					
	4	轴承箱两侧密封径向间隙之差（mm）	0.06					
	5	滑动轴承轴瓦与轴颈安装	符合设备技术文件的规定					
	6	机壳与转子同轴度	2	1				
	7	进风口与叶轮之间径向间隙（mm）	符合设备技术文件的规定或 $(1.5\sim3)D/1\,000$（D 为叶轮外径）					
	8	联轴器端面间隙	符合设备技术文件的规定					
	9	联轴器径向位移（mm）	0.025					
	10	轴线倾斜度（mm/m）	0.20	0.10				
	11	风机内部清理	畅通、无异物					

检查意见：

主控项目共_____项,其中合格_____项,优良_____项,合格率_____%,优良率_____%。

一般项目共_____项,其中合格_____项,优良_____项,合格率_____%,优良率_____%。

检验人： （签字） 年 月 日	评定人： （签字） 年 月 日	监理工程师： （签字） 年 月 日

表 7202.2　离心通风机安装单元工程试运转质量检查表

编号：＿＿＿＿＿＿＿＿

分部工程名称		单元工程名称	
安装部位		安装内容	
安装单位		试运转日期	

项次		检验项目	试运转要求	试运转情况	结果
离心通风机试运转（不少于 2 h）	1	运行各部位检查	无异常现象和摩擦声响		
	2	轴承温升	滚动轴承不超过环境温度 40 ℃，滑动轴承运行温度不超过 65 ℃		
	3	轴承部位的振动速度有效值（均方根速度值）	≤6.3 mm/s		
	4	具有滑动轴承的大型通风机轴承检查	轴承无异常		
	5	电动机电流	不超过额定值		
	6	安全、保护和电控装置及仪表	均灵敏、正确、可靠		

检查意见：

检验人：	评定人：	监理工程师：
（签字） 　年 月 日	（签字） 　年 月 日	（签字） 　年 月 日

_____工程

表 7203 轴流通风机安装单元工程质量验收评定表

单位工程名称		单元工程量	
分部工程名称		安装单位	
单元工程名称、部位		评定日期	

项次	项目	主控项目(个)		一般项目(个)	
		合格数	优良数	合格数	优良数
1	轴流通风机单元工程安装质量				
	各项试验和试运转效果				

安装单位自评意见	各项试验和单元工程试运行符合要求,各项报验资料符合规定。检验项目全部合格。检验项目优良率为_____%,其中主控项目优良率为_____%。 单元工程安装质量等级评定为:_____。 (签字,加盖公章) 年 月 日
监理单位复核意见	各项试验和单元工程试运行符合要求,各项报验资料符合规定。检验项目全部合格。检验项目优良率为_____%,其中主控项目优良率为_____%。 单元工程安装质量等级评定为:_____。 (签字,加盖公章) 年 月 日

_____工程

表 7203.1 轴流通风机安装单元工程质量检查表

编号：_____

分部工程名称			单元工程名称	
安装部位			安装内容	
安装单位			开/完工日期	

项次		检验项目	质量要求		实测值	合格数	优良数	质量等级
			合格	优良				
主控项目	1	垂直剖分机组主轴和进气室的同轴度	2	1				
	2	左、右分开式轴承座两轴承孔与主轴颈的同轴度	0.1	0.08				
	3	叶轮与主体风筒间隙或对应两侧间隙差(mm)	符合设备技术文件的规定，或 $D \leqslant 600$ 时不大于±0.5,$600<D<1\,200$ 时不大于±1.0(D 为叶轮外径,mm)					
	4	辅助设备安装位置	平面位置(mm)	±10	±5			
	5		高程(mm)	+20 −10	+10 −5			
一般项目	1	机座纵、横向水平度(mm/m)	0.20	0.10				
	2	水平剖分、垂直剖分机组纵、横向水平度(mm/m)	0.10	0.08				
	3	立式机组水平度(mm/m)						
	4	叶片安装角度	符合设备技术文件的规定，允许偏差±2°					
	5	联轴器端面间隙	符合设备技术文件的规定					
	6	联轴器径向位移(mm)	0.025					
	7	轴线倾斜度(mm/m)	0.20	0.10				
	8	风机内部清理	畅通、无异物					

检查意见：
主控项目共_____项，其中合格_____项，优良_____项，合格率_____%，优良率_____%。
一般项目共_____项，其中合格_____项，优良_____项，合格率_____%，优良率_____%。

检验人：	评定人：	监理工程师：
(签字) 年 月 日	(签字) 年 月 日	(签字) 年 月 日

_____工程

表 7203.2　轴流通风机安装单元工程试运转质量检查表

编号：_____

分部工程名称				单元工程名称	
安装部位				安装内容	
安装单位				试运转日期	

项次		检验项目	试运转要求	试运转情况	结果
轴流通风机试运转（不少于6 h）	1	运转各部位检查	无异常现象		
	2	电动机电流	不大于其额定值		
	3	风机运转状态	无停留于喘振工况内的现象		
	4	轴承温度	滚动轴承正常工作温度不大于70 ℃；瞬时最高温度不大于95 ℃，温升不超过55 ℃；滑动轴承的正常工作温度不大于75 ℃		
	5	风机轴承的振动速度	有效值不大于6.3 mm/s		
	6	停机后应检查管道的密封性和叶顶间隙	无异常现象		
	7	安全、保护和电控装置及仪表	均灵敏、正确、可靠		

检查意见：

检验人： （签字） 年 月 日	评定人： （签字） 年 月 日	监理工程师： （签字） 年 月 日

第3章　阀门及机组管路安装工程

_____工程

表 7301 蝴蝶阀安装单元工程质量验收评定表

单位工程名称		单元工程量	
分部工程名称		安装单位	
单元工程名称、部位		评定日期	

项次	项目	主控项目(个)		一般项目(个)	
		合格数	优良数	合格数	优良数
1	蝴蝶阀单元工程安装质量				
	主要部件调试及操作试验效果				

安装单位自评意见	主要部件调试及操作试验符合要求,各项报验资料符合规定,检验项目全部合格。检验项目优良标准率为_____%,其中主控项目优良标准率为_____%。 单元工程安装质量等级评定为:_____。 (签字,加盖公章)　　　　年　月　日
监理单位复核意见	主要部件调试及操作试验符合要求,各项报验资料符合规定,检验项目全部合格。检验项目优良标准率为_____%,其中主控项目优良标准率为_____%。 单元工程安装质量等级评定为:_____。 (签字,加盖公章)　　　　年　月　日

_____工程

表 7301.1　蝴蝶阀安装单元工程质量检查表

编号：_____

分部工程名称					单元工程名称				
安装部位					安装内容				
安装单位					开/完工日期				

项次		检验项目		质量要求		实测值	合格数	优良数	质量等级
				合格	优良				
主控项目	1	阀体水平度及垂直度（mm/m）		直径大于4 m的,≤0.5 mm/m;其他,≤1 mm/m	直径大于4 m的,≤0.4 mm/m;其他,≤0.8 mm/m				
	2	活门关闭状态密封检查	实心橡胶密封、金属硬密封或橡胶密封	无间隙					
			橡胶密封 未充气	±20%设计值	±15%设计值				
			橡胶密封 充气后	无间隙					
	3	关闭严密性试验		漏水量不超过设计允许值	漏水量不超过设计允许值的80%				
一般项目	1	活门全开位置		不超过±1°					
	2	阀体水流方向中心线（mm）		≤3	≤2				
	3	阀体上下游位置(mm)		≤10	≤8				
	4	锁锭动作试验		包括行程开关接点应动作灵活、位置正确					

检查意见：

主控项目共_____项,其中合格_____项,优良_____项,合格率_____%,优良率_____%。

一般项目共_____项,其中合格_____项,优良_____项,合格率_____%,优良率_____%。

检验人： （签字） 年 月 日	评定人： （签字） 年 月 日	监理工程师： （签字） 年 月 日

_____工程

表 7302　球阀安装单元工程质量验收评定表

单位工程名称		单元工程量	
分部工程名称		安装单位	
单元工程名称、部位		评定日期	

项次	项目	主控项目(个)		一般项目(个)	
		合格数	优良数	合格数	优良数
1	球阀单元工程安装质量				
	主要部件调试及操作试验效果				

安装单位自评意见	主要部件调试及操作试验符合要求,各项报验资料符合规定,检验项目全部合格。检验项目优良标准率为_____%,其中主控项目优良标准率为_____%。 单元工程安装质量等级评定为:_____。 　　　　　　　　　　　　　　　　　　　(签字,加盖公章)　　　　年　月　日
监理单位复核意见	主要部件调试及操作试验符合要求,各项报验资料符合规定,检验项目全部合格。检验项目优良标准率为_____%,其中主控项目优良标准率为_____%。 单元工程安装质量等级评定为:_____。 　　　　　　　　　　　　　　　　　　　(签字,加盖公章)　　　　年　月　日

_____工程

表 7302.1 球阀安装单元工程质量检查表

编号：_____

分部工程名称				单元工程名称			
安装部位				安装内容			
安装单位				开/完工日期			

项次		检验项目	质量要求		实测值	合格数	优良数	质量等级
			合格	优良				
主控项目	1	阀体水平度及垂直度（mm/m）	直径大于 4 m 的，≤0.5 mm/m；其他，≤1 mm/m	直径大于 4 m 的，≤0.4 mm/m；其他，≤0.8 mm/m				
	2	关闭严密性试验	漏水量不超过设计允许值	漏水量不超过设计允许值的 80%				
一般项目	1	阀体水流方向中心线（mm）	≤3	≤2				
	2	阀体上下游位置（mm）	≤10	≤8				
	3	工作密封和检修密封与止水面间隙	用 0.05 mm 塞尺检查不能通过					
	4	密封环行程	符合设计要求					
	5	活门转动检查	转动灵活,与固定部件的间隙不小于 2					

检查意见：

　　主控项目共_____项,其中合格_____项,优良_____项,合格率_____%,优良率_____%。

　　一般项目共_____项,其中合格_____项,优良_____项,合格率_____%,优良率_____%。

检验人：	评定人：	监理工程师：
（签字） 年 月 日	（签字） 年 月 日	（签字） 年 月 日

_____工程

表 7303 筒形阀安装单元工程质量验收评定表

单位工程名称			单元工程量	
分部工程名称			安装单位	
单元工程名称、部位			评定日期	

项次	项目	主控项目(个)		一般项目(个)	
		合格数	优良数	合格数	优良数
1	筒形阀单元工程安装质量				
	主要部件调试及操作试验效果				

安装单位自评意见	主要部件调试及操作试验符合要求,各项报验资料符合规定,检验项目全部合格。检验项目优良标准率为_____%,其中主控项目优良标准率为_____%。 单元工程安装质量等级评定为:_____。 　　　　　　　　　　　　　　　　　(签字,加盖公章)　　　年 月 日
监理单位复核意见	主要部件调试及操作试验符合要求,各项报验资料符合规定,检验项目全部合格。检验项目优良标准率为_____%,其中主控项目优良标准率为_____%。 单元工程安装质量等级评定为:_____。 　　　　　　　　　　　　　　　　　(签字,加盖公章)　　　年 月 日

_____工程

表 7303.1　筒形阀安装单元工程质量检查表

编号：_____

分部工程名称				单元工程名称			
安装部位				安装内容			
安装单位				开/完工日期			

项次		检验项目	质量要求		实测值	合格数	优良数	质量等级
			合格	优良				
主控项目	1	接力器同步性	符合设计要求					
	2	密封压板平整度（mm）	过流面处不超过±1.0	过流面处不超过±0.8	—			
一般项目	1	阀体圆度	平均直径的±0.10%	平均直径的±0.08%				
	2	阀体与导轨间隙	不超过设计间隙±10%	不超过设计间隙±8%				
	3	阀体密封面严密度	硬密封局部不大于1.0 mm，总长不超过密封面的5%，软密封无间隙	硬密封局部不大于0.8 mm，总长不超过密封面的3%，软密封无间隙				

检查意见：

　　主控项目共_____项,其中合格_____项,优良_____项,合格率_____%,优良率_____%。

　　一般项目共_____项,其中合格_____项,优良_____项,合格率_____%,优良率_____%。

检验人：	评定人：	监理工程师：
（签字） 　　　年　月　日	（签字） 　　　年　月　日	（签字） 　　　年　月　日

_____工程

表 7304　伸缩节安装单元工程质量验收评定表

单位工程名称		单元工程量	
分部工程名称		安装单位	
单元工程名称、部位		评定日期	

项次	项目	主控项目(个)		一般项目(个)	
		合格数	优良数	合格数	优良数
1	伸缩节单元工程安装质量				
	主要部件调试及操作试验效果				

安装单位自评意见	主要部件调试及操作试验符合要求,各项报验资料符合规定,检验项目全部合格。检验项目优良标准率为_____%,其中主控项目优良标准率为_____%。 单元工程安装质量等级评定为:_____。 　　　　　　　　　　　　　　　　(签字,加盖公章)　　年　月　日
监理单位复核意见	主要部件调试及操作试验符合要求,各项报验资料符合规定,检验项目全部合格。检验项目优良标准率为_____%,其中主控项目优良标准率为_____%。 单元工程安装质量等级评定为:_____。 　　　　　　　　　　　　　　　　(签字,加盖公章)　　年　月　日

_____工程

表 7304.1 伸缩节安装单元工程质量检查表

编号：_____

分部工程名称		单元工程名称	
安装部位		安装内容	
安装单位		开/完工日期	

项次		检验项目	质量要求		实测值	合格数	优良数	质量等级
			合格	优良				
主控项目	1	充水后漏水量	无滴漏					
一般项目	1	填料式伸缩节伸缩距离	符合设计要求					
	2	焊缝检查						

检查意见：

　　主控项目共_____项,其中合格_____项,优良_____项,合格率_____%,优良率_____%。

　　一般项目共_____项,其中合格_____项,优良_____项,合格率_____%,优良率_____%。

检验人：	评定人：	监理工程师：
（签字） 　　　年　月　日	（签字） 　　　年　月　日	（签字） 　　　年　月　日

_____工程

表 7305　主阀的附件和操作机构安装单元工程质量验收评定表

单位工程名称		单元工程量	
分部工程名称		安装单位	
单元工程名称、部位		评定日期	

项次	项目	主控项目(个)		一般项目(个)	
		合格数	优良数	合格数	优良数
1	主阀的附件和操作机构单元工程安装质量				
	主要部件调试及操作试验效果				

安装单位自评意见	主要部件调试及操作试验符合要求,各项报验资料符合规定,检验项目全部合格。检验项目优良标准率为_____%,其中主控项目优良标准率为_____%。 单元工程安装质量等级评定为:_____。 （签字,加盖公章）　　年　月　日
监理单位复核意见	主要部件调试及操作试验符合要求,各项报验资料符合规定,检验项目全部合格。检验项目优良标准率为_____%,其中主控项目优良标准率为_____%。 单元工程安装质量等级评定为:_____。 （签字,加盖公章）　　年　月　日

_____工程

表 7305.1 主阀的附件和操作机构安装单元工程质量检查表

编号:_____

分部工程名称					单元工程名称			
安装部位					安装内容			
安装单位					开/完工日期			

项次		检验项目	质量要求		实测值	合格数	优良数	质量等级
			合格	优良				
主控项目	1	阀门开、关时间	符合设计要求					
		筒形阀操作检查	同步偏差符合要求					
一般项目	1	操作阀门接力器的位置、水平、垂直度、高程	符合 GB/T 8564 的规定	合格偏差值的 80%				
	2	旁通阀、空气阀接力器严密性试验	符合 GB/T 8564 的要求					
	3	操作系统严密性试验	在 1.25 倍工作压力下 30 min 无渗漏					

检查意见:
　　主控项目共_____项,其中合格_____项,优良_____项,合格率_____%,优良率_____%。
　　一般项目共_____项,其中合格_____项,优良_____项,合格率_____%,优良率_____%。

检验人:	评定人:	监理工程师:
（签字） 年　月　日	（签字） 年　月　日	（签字） 年　月　日

_____工程

表 7306　机组管路安装单元工程质量验收评定表

单位工程名称		单元工程量	
分部工程名称		安装单位	
单元工程名称、部位		评定日期	

项次	项目	主控项目(个)		一般项目(个)	
		合格数	优良数	合格数	优良数
1	机组管路单元工程安装质量				
	主要部件调试及操作试验效果				

安装单位自评意见	主要部件调试及操作试验符合要求,各项报验资料符合规定,检验项目全部合格。检验项目优良标准率为_____%,其中主控项目优良标准率为_____%。 单元工程安装质量等级评定为:_____。 　　　　　　　　　　　　　　　　　　(签字,加盖公章)　　　　年　月　日
监理单位复核意见	主要部件调试及操作试验符合要求,各项报验资料符合规定,检验项目全部合格。检验项目优良标准率为_____%,其中主控项目优良标准率为_____%。 单元工程安装质量等级评定为:_____。 　　　　　　　　　　　　　　　　　　(签字,加盖公章)　　　　年　月　日

_____工程

表 7306.1 机组管路安装单元工程质量检查表

编号：_____

分部工程名称				单元工程名称			
安装部位				安装内容			
安装单位				开/完工日期			

项次		检验项目	质量要求		实测值	合格数	优良数	质量等级
			合格	优良				
主控项目	1	工地加工管件强度耐压试验	无渗漏及裂纹等异常现象					
	2	管路严密性耐压试验	无渗漏现象					
一般项目	1	管路过缝处理	符合设计要求					
	2	明管位置和高程	≤10 mm	≤8 mm				
	3	明管水平偏差	不超过 0.15%，且不超过 20 mm	不超过 0.12%，且不超过 15 mm				
	4	明管垂直偏差	不超过 0.2%，且不超过 15 mm	不超过 0.15%，且不超过 12 mm				
	5	管路支架	牢固不晃动					
	6	通流试验	通畅,不堵塞					
	7	油管路清洁度	符合设计要求					
	8	管路焊口错牙	不超过壁厚 20%且不大于 2.0 mm	不超过壁厚 15%且不大于 1.5 mm				
	9	焊缝检查	表面无裂纹、夹渣、气孔,咬边深度小于 0.5 mm,长度不超过 10%焊缝长	无裂纹、夹渣、气孔和咬边等缺陷				

检查意见：

主控项目共_____项,其中合格_____项,优良_____项,合格率_____%,优良率_____%。

一般项目共_____项,其中合格_____项,优良_____项,合格率_____%,优良率_____%。

检验人：	评定人：	监理工程师：
（签字）	（签字）	（签字）
年 月 日	年 月 日	年 月 日

第4章 水力监测仪表与自动化元件装置安装工程

表 7401　水力监测仪表(非电量监测)装置安装单元工程质量验收评定表

表 7402　自动化元件(装置)安装单元工程质量验收评定表

_____工程

表 7401 水力监测仪表(非电量监测)装置安装单元工程质量验收评定表

单位工程名称		单元工程量	
分部工程名称		安装单位	
单元工程名称、部位		评定日期	

项次	项目	主控项目(个)		一般项目(个)	
		合格数	优良数	合格数	优良数
1	水力监测仪表、非电量监测装置单元工程安装质量				
	各项试验和试运转效果				

安装单位自评意见	各项试验和单元工程试运行符合要求,各项报验资料符合规定。检验项目全部合格。检验项目优良率为_____%,其中主控项目优良率为_____%。 单元工程安装质量等级评定为:_____。 (签字,加盖公章)　　　　年　月　日
监理单位复核意见	各项试验和单元工程试运行符合要求,各项报验资料符合规定。检验项目全部合格。检验项目优良率为_____%,其中主控项目优良率为_____%。 单元工程安装质量等级评定为:_____。 (签字,加盖公章)　　　　年　月　日

_____工程

表 7401.1　水力监测仪表、非电量监测装置安装单元工程质量检查表

编号：_____

分部工程名称			单元工程名称	
安装部位			安装内容	
安装单位			开/完工日期	

项次		检验项目		质量要求		实测值	合格数	优良数	质量等级
				合格	优良				
主控项目	1	仪表、装置接口严密性		无渗漏					
	2	电气装置接口		接线正确、可靠					
	3	辅助设备安装位置	平面位置（mm）	±10	±5				
	4		高程（mm）	+20 -10	+10 -5				
一般项目	1	仪表、装置设计位置（mm）		±10	±5				
	2	仪表盘、装置盘设计位置（mm）		±20	±10				
	3	仪表盘、装置盘垂直度（mm/m）		3	2				
	4	仪表盘、装置盘水平度（mm/m）		3	2				
	5	仪表盘、装置盘高程（mm）		±5	±3				
	6	取压管位置（mm）		±10	±5				

检查意见：
　　主控项目共_____项，其中合格_____项，优良_____项，合格率_____%，优良率_____%。
　　一般项目共_____项，其中合格_____项，优良_____项，合格率_____%，优良率_____%。

检验人：	评定人：	监理工程师：
（签字）　　　年　月　日	（签字）　　　年　月　日	（签字）　　　年　月　日

_____工程

表7402 自动化元件(装置)安装单元工程质量验收评定表

单位工程名称		单元工程量	
分部工程名称		安装单位	
单元工程名称、部位		评定日期	

项次	项目	主控项目(个)		一般项目(个)	
		合格数	优良数	合格数	优良数
1	自动化元件(装置)单元工程安装质量				

各项试验和试运转效果	

安装单位自评意见	各项试验和单元工程试运行符合要求,各项报验资料符合规定。检验项目全部合格。检验项目优良率为_____%,其中主控项目优良率为_____%。 单元工程安装质量等级评定为:_____。 (签字,加盖公章)　　　年　月　日
监理单位复核意见	各项试验和单元工程试运行符合要求,各项报验资料符合规定。检验项目全部合格。检验项目优良率为_____%,其中主控项目优良率为_____%。 单元工程安装质量等级评定为:_____。 (签字,加盖公章)　　　年　月　日

表 7402.1　自动化元件(装置)安装安装单元工程质量检查表

编号:_____

分部工程名称		单元工程名称	
安装部位		安装内容	
安装单位		开/完工日期	

项次		检验项目	质量要求		实测值	合格数	优良数	质量等级
			合格	优良				
主控项目	1	元件(装置)接口严密性	无渗漏					
一般项目	1	元件(装置)设计位置(mm)	±10	±5				
	2	元件(装置)高程(mm)	±5	±3				

检查意见:

　主控项目共_____项,其中合格_____项,优良_____项,合格率_____%,优良率_____%。

　一般项目共_____项,其中合格_____项,优良_____项,合格率_____%,优良率_____%。

检验人:	评定人:	监理工程师:
(签字)	(签字)	(签字)
年　月　日	年　月　日	年　月　日

第5章 水力机械系统管道安装工程

表 7501 水力机械系统管道制作及安装单元工程质量验收评定表

表7501　水力机械系统管道制作及安装单元工程质量验收评定表

单位工程名称		单元工程量	
分部工程名称		安装单位	
单元工程名称、部位		评定日期	

项次	项目	主控项目(个)		一般项目(个)	
		合格数	优良数	合格数	优良数
1	管件制作及安装质量				
2	管道埋设安装质量				
3	管道、管件焊接安装质量				
4	明管安装质量				
5	通风管道制作及安装质量				
6	阀门、容器、管件及管道系统试验安装质量				
各项试验和试运转效果					

安装单位自评意见	各项试验和单元工程试运行符合要求,各项报验资料符合规定。检验项目全部合格。检验项目优良率为_____%,其中主控项目优良率为_____%。 　　单元工程安装质量等级评定为:_____。 　　　　　　　　　　　　　　(签字,加盖公章)　　　年　月　日
监理单位复核意见	各项试验和单元工程试运行符合要求,各项报验资料符合规定。检验项目全部合格。检验项目优良率为_____%,其中主控项目优良率为_____%。 　　单元工程安装质量等级评定为:_____。 　　　　　　　　　　　　　　(签字,加盖公章)　　　年　月　日

表 7501.1　管道制作及安装质量检查表

编号：_____

分部工程名称		单元工程名称	
安装部位		安装内容	
安装单位		开/完工日期	

项次		检验项目	质量要求		实测值	合格数	优良数	质量等级
			合格	优良				
主控项目	1	管截面最大与最小管径差	≤8%	≤6%				
	2	环形管半径	≤±2%R	<±2%R				
一般项目	1	弯曲角度(mm)	±3 mm/m 且全长不大于 10	±2 mm/m 且全长不大于 8				
	2	折皱不平度	≤3%D	≤2.5%D	—			
	3	环形管平面度(mm)	≤±20	≤±15				
	4	Ω 形伸缩节尺寸(mm)	±10	±5				
	5	Ω 形伸缩节平直度(mm)	3 mm/m 且全长不超过 10	2 mm/m 且全长不超过 8				
	6	三通主管与支管垂直度	≤2%H	≤1.5%H				
	7	锥形管长度(mm)	≥3(D₁-D₂)	≥2(D₁-D₂)				
	8	锥形管两端直径及圆度(mm)	不大于±1%D 且不大于±2					
	9	同心锥形管偏心率(mm)	不大于±1%D₁ 且不大于±2	小于±1%D₁ 且不大于±1.5				
	10	卷制焊管端面倾斜(mm)	≤D/1 000					
	11	卷制焊管周长(mm)	≤±L/1 000					
	12	焊接弯头的曲率半径(mm)	≥1.5D					

检查意见：

　　主控项目共_____项,其中合格_____项,优良_____项,合格率_____%,优良率_____%。

　　一般项目共_____项,其中合格_____项,优良_____项,合格率_____%,优良率_____%。

检验人：	评定人：	监理工程师：
（签字）	（签字）	（签字）
年　月　日	年　月　日	年　月　日

注：1.R 为环管曲率半径；D 为管子、弯头、锥形管公称直径；H 为三通支管高度；D₁ 为管子大头直径；D₂ 为管子小头直径；L 为焊管设计周长。

　　2.90°弯头的分节数不宜少于 4。

_____工程

表 7501.2　管道、管件焊接质量检查表

编号：_____

分部工程名称		单元工程名称	
安装部位		安装内容	
安装单位		开/完工日期	

项次		检验项目	质量要求		实测值	合格数	优良数	质量等级
			合格	优良				
主控项目	1	焊缝质量检查	符合 GB/T 8564 的有关规定					
一般项目	1	管子、管件的坡口型式、尺寸		壁厚不大于 4 mm 的选用 I 型坡口，对口间隙为 1~2 mm；壁厚大于 4 mm 的选用 70°V 形坡口，对口间隙及钝边均为 0~2 mm				
	2	管子、管件组对时		内壁应作到平齐，内壁错边量不应超过壁厚的 20%，且不大于 2 mm。坡口表面上不应有裂缝、夹层等缺陷				
	3	法兰盘与管子中心线	垂直，偏斜值不大于表 G-22 的规定					

检查意见：

主控项目共_____项，其中合格_____项，优良_____项，合格率_____%，优良率_____%。

一般项目共_____项，其中合格_____项，优良_____项，合格率_____%，优良率_____%。

检验人：	评定人：	监理工程师：
（签字）	（签字）	（签字）
年 月 日	年 月 日	年 月 日

_____工程

表 7501.3　管道埋设质量检查表

编号：_____

分部工程名称				单元工程名称			
安装部位				安装内容			
安装单位				开/完工日期			

项次		检验项目	质量要求		实测值	合格数	优良数	质量等级
			合格	优良				
主控项目	1	管道出口位置(mm)	±10	±5				
	2	管道过缝处理	符合设计要求					
	3	管道内部清扫及除锈	符合设计要求和现行有关标准规定					
一般项目	1	与设备连接的预埋管出口位置(mm)	±10	±5				
	2	管口伸出混凝土面的长度(mm)	≥300					
	3	管子与墙面的距离	符合设计要求					
	4	管口封堵	可靠					
	5	排水、排油管道的坡度	与流向一致,并符合设计要求					

检查意见：
　　主控项目共_____项,其中合格_____项,优良_____项,合格率_____%,优良率_____%。
　　一般项目共_____项,其中合格_____项,优良_____项,合格率_____%,优良率_____%。

检验人： （签字） 年 月 日	评定人： （签字） 年 月 日	监理工程师： （签字） 年 月 日

_____工程

表 7501.4　明管安装质量检查表

编号：_____

分部工程名称				单元工程名称				
安装部位				安装内容				
安装单位				开/完工日期				

项次		检验项目	质量要求		实测值	合格数	优良数	质量等级
			合格	优良				
主控项目	1	明管平面位置（mm）（每 10 m 内）	±10 且全长不大于 20	±5 且全长不大于 15				
	2	管道内部清扫及除锈	符合设计要求和现行有关标准规定					
一般项目	1	明管高程(mm)	±5	±4				
	2	立管垂直度(mm)	2 mm/m 且全长不大于 15	1.5 mm/m 且全长不大于 10				
	3	排管平面度(mm)	≤5	≤3				
	4	排管间距(mm)	0~+5	0~+3				
	5	排水、排油管道坡度	与流向一致，并符合设计要求					
	6	水平管弯曲度(mm)	不大于 1.5 mm/m 且全长不大于 20	不大于 1.0 mm/m 且全长不大于 15				

检查意见：
　　主控项目共_____项,其中合格_____项,优良_____项,合格率_____%,优良率_____%。
　　一般项目共_____项,其中合格_____项,优良_____项,合格率_____%,优良率_____%。

检验人：	评定人：	监理工程师：
（签字）　　　　年　月　日	（签字）　　　　年　月　日	（签字）　　　　年　月　日

_____工程

表 7501.5　通风管道制作及安装质量检查表

编号：_____

分部工程名称				单元工程名称					
安装部位				安装内容					
安装单位				开/完工日期					

项次		检验项目	质量要求		实测值	合格数	优良数	质量等级
			合格	优良				
主控项目	1	管道内部清扫及检查	符合设计要求和现行有关标准规定					
一般项目	1	风管直径或边长	符合设计要求					
	2	风管法兰直径或边长						
	3	风管与法兰垂直度						
	4	横管水平度（mm）	3 mm/m 且全长不大于 20	2 mm/m 且全长不大于 10				
	5	立管垂直度（mm）	2 mm/m 且全长不大于 20	2 mm/m 且全长不大于 15				

检查意见：

　　主控项目共_____项，其中合格_____项，优良_____项，合格率_____%，优良率_____%。

　　一般项目共_____项，其中合格_____项，优良_____项，合格率_____%，优良率_____%。

检验人： （签字） 年　月　日	评定人： （签字） 年　月　日	监理工程师： （签字） 年　月　日

_____工程

表 7501.6　阀门、容器、管件及管道系统试验标准检查表

编号：_____

分部工程名称		单元工程名称	
安装部位		安装内容	
安装单位		开/完工日期	

项次		检验项目	质量要求		实测值	合格数	优良数	质量等级
			合格	优良				
主控项目	1	1.0 MPa 及以上阀门	无渗漏					
	2	自制有压容器及管件	无渗漏等异常现象					
	3	自制有压容器及管件	无渗漏且压降小于 5%					
	4	无压容器	无渗漏					
	5	系统管道	无渗漏等异常现象					
	6	系统管道	无渗漏					
	7	通风系统漏风量测试	符合 GB 50243 的有关要求					
	8	系统清洗、检查	符合设计要求和现行有关标准规定					

检查意见：
　　主控项目共_____项，其中合格_____项，优良_____项，合格率_____%，优良率_____%。

检验人：	评定人：	监理工程师：
（签字）	（签字）	（签字）
年　月　日	年　月　日	年　月　日

第6章 箱、罐及其他容器安装工程

表 7601　箱、罐及其他容器安装单元工程质量验收评定表

_____工程

表 7601　箱、罐及其他容器安装单元工程质量验收评定表

单位工程名称		单位工程量	
分部工程名称		安装单位	
单元工程名称、部位		评定日期	

项次	项　　目	主控项目		一般项目	
		合格数	优良数	合格数	优良数
1	箱、罐及其他容器单元工程安装质量				
⋮					

各项试验和试运转符合本标准和相关专业标准的规定	单元工程试运转质量	

安装单位自评意见	各项试验和单元工程试运转符合要求,各项报验资料符合规定。检验项目全部合格。检验项目优良标准率为_____,其中主控项目优良标准率为_____。 单元工程安装质量验收评定等级为:_____。 （签字,加盖公章）　　年 月 日
监理单位意见	各项试验和单元工程试运转符合要求,各项报验资料符合规定。检验项目全部合格。检验项目优良标准率为_____,其中主控项目优良标准率为_____。 单元工程安装质量验收评定等级为:_____。 （签字,加盖公章）　　年 月 日
建设单位意见	 （签字,加盖公章）　　年 月 日

表7601.1　箱、罐及其他容器安装单元工程质量检查表

编号：_____

分部工程名称				单元工程名称		
安装部位				安装内容		
安装单位				开/完工日期		

项次	检验项目		质量要求		实测值	合格数	优良数	质量等级
			合格	优良				
主控项目	1	安全、监测、保护装置	整定准确、灵敏、可靠,符合设备技术文件的规定					
	2	辅助设备安装位置	平面位置（mm）	±10	±5				
	3		高程（mm）	+20 −10	+10 −5				
一般项目	1	卧式容器水平度(mm)	$\leq L/1\,000$（L为容器长度）	≤ 10				
	2	立式容器垂直度(mm)	$\leq H/1\,000$,且不超过10（H为容器高度）	≤ 5				
	3	高程(mm)	±10	±5				
	4	中心线位置(mm)	±10	±5				

检查意见：

　　主控项目共_____项,其中合格_____项,优良_____项,合格率_____%,优良率_____%。

　　一般项目共_____项,其中合格_____项,优良_____项,合格率_____%,优良率_____%。

检验人：	评定人：	监理工程师：
（签字）　年　月　日	（签字）　年　月　日	（签字）　年　月　日

第7章 起重设备安装工程

_____工程

表7701　起重机轨道与车挡安装单元工程质量验收评定表

单位工程名称					单元工程量			
分部工程名称					安装单位			
单元工程名称、部位					评定日期		年　月　日	

项次	工序名称	主控项目			一般项目		
		合格数	其中优良个数	优良率（%）	合格数	其中优良个数	优良率（%）
1	起重机轨道与车挡单元工程安装质量						
	各项试验和试运转效果						

安装单位自评意见	各项试验和单元工程试运转符合要求,各项报验资料符合规定。检验项目全部合格。检验项目优良标准率为_____%,其中主控项目优良率为_____%。 单元工程安装质量验收评定等级为：_____。 　　　　　　　　　　　　　　　　　　　（签字,加盖公章）　　　年　月　日
监理单位复核意见	各项试验和单元工程试运转符合要求,各项报验资料符合规定。检验项目全部合格。检验项目优良标准率为_____%,其中主控项目优良率为_____%。 单元工程安装质量验收评定等级为：_____。 　　　　　　　　　　　　　　　　　　　（签字,加盖公章）　　　年　月　日

注：1.主控项目和一般项目中的合格数指达到合格及其以上质量标准的项目个数。

　　　2.检验项目优良率=（主控项目优良数+一般项目优良数）/检验项目总数×100%。

　　　3.本表所填"单元工程量"不作为施工单位工程量结算计量的依据。

_____工程

表 7701.1　　起重机轨道与车挡安装单元工程质量检查表

编号：_____

分部工程名称		单元工程名称	
安装部位		安装内容	
安装单位		开/完工日期	

项次		检验项目	质量要求(允许偏差 mm)		检验(测)记录(mm)	合格数	优良数	质量等级
			合格	优良				
主控项目	1	轨道实际中心线对设计中心线偏差	2.0	1.5				
	2	轨距	±4.0	±3.0				
	3	轨道侧向局部弯曲	1.0	0.8				
	4	轨道全程最高点与最低点之差	2.0	1.5				
	5	接地	可靠,接地电阻≤4 Ω					
一般项目	1	方钢或工字钢轨道横向倾斜度	1/100 轨宽					
	2	平行轨道接头位置	错开>500,且大于前后轮距					
	3	轨道接头	对焊式接头	符合设计和规范要求,打磨平滑				
	4		鱼尾板式连接接头	错位≤1.0;间隙≤2.0				
	5		垫板宽度(方钢轨道)	比其他处垫板宽度大 1 倍				
	6	车挡与缓冲器	同步接触,缓冲有效					
	7	轨道顶面高程	±5.0	±3.0				
	8	同截面内平行轨道顶面高程相对差	5.0	4.0				

检查意见：

　　主控项目共_____项,其中合格_____项,优良_____项,合格率_____%,优良率_____%。

　　一般项目共_____项,其中合格_____项,优良_____项,合格率_____%,优良率_____%。

检验人： （签字） 年　月　日	评定人： （签字） 年　月　日	监理工程师： （签字） 年　月　日

_____工程

表7702　通用桥式起重机安装单元工程质量验收评定表

单位工程名称		单元工程量	
分部工程名称		安装单位	
单元工程名称、部位		评定日期	年　月　日

项次	工序名称	主控项目			一般项目		
		合格数	其中优良个数	优良率（%）	合格数	其中优良个数	优良率（%）
1	通用桥式起重机单元工程安装质量						
	各项试验和试运转效果						

安装单位自评意见	各项试验和单元工程试运转符合要求,各项报验资料符合规定。检验项目全部合格。检验项目优良标准率为_____%,其中主控项目优良率为_____%。 单元工程安装质量验收评定等级为:_____。 （签字,加盖公章）　　　年　月　日
监理单位复核意见	各项试验和单元工程试运转符合要求,各项报验资料符合规定。检验项目全部合格。检验项目优良标准率为_____%,其中主控项目优良率为_____%。 单元工程安装质量验收评定等级为:_____。 （签字,加盖公章）　　　年　月　日

注:1.主控项目和一般项目中的合格数指达到合格及其以上质量标准的项目个数。

2.检验项目优良率=(主控项目优良数+一般项目优良数)/检验项目总数×100%。

3.本表所填"单元工程量"不作为施工单位工程量结算计量的依据。

表 7702.1 通用桥式起重机安装单元工程质量检查表

编号：_____

分部工程名称					单元工程名称				
安装部位					安装内容				
安装单位					开/完工日期				

项次	检验项目			质量要求（允许偏差 mm）		检验(测)记录（mm）	合格数	优良数	质量等级
				合格	优良				
主控项目	1	跨度	分离式端梁镗孔装车轮结构 $S\leqslant10\,000$	±2.0					
			$S>10\,000$	$\pm[\,2.0+0.1(S-10\,000)/1\,000\,]$					
			焊接连接端梁及角型轴承箱装车轮结构	±5.0					
			单侧有水平导向轮结构 $S\leqslant10\,000$	±3.0					
			$S>10\,000$	$\pm[\,3.0+0.15(S-10\,000)/1\,000\,]$					
	2	滚轮中心对角线相对差		5.0	4.0				
	3	电气保护装置		绝缘电阻≥0.8 MΩ；保护动作可靠					
	4	安全保护装置	起重量限制器	接线正确，模拟动作正常					
			限位器	到极限位置时，自动切断动力电源					
			应急断电开关	能切断总动力电源，不能自动复归					
			连锁保护装置	能切断总动力电源					
一般项目	1	主梁旁弯度	正轨、半偏轨箱型梁	$S/2\,000$					
			其他梁 $S\leqslant19\,500$	5.0	4.0				
			$S>19\,500$	8.0	6.0				

续表 7702.1

项次		检验项目		质量要求(允许偏差 mm)		检验(测)记录(mm)	合格数	优良数	质量等级
				合格	优良				
一般项目	2	主梁上拱度		(0.9~1.4)S/1 000,且最大上拱度在主梁跨中 S/10 的范围内					
	3	起重机跨度相对差		5.0	4.0				
	4	小车轨距	正轨、半偏轨箱型梁	跨端:±2.0;跨中:1.0~5.0					
			其他梁	±3.0	±2.0				
	5	同截面小车轨道高差	K≤2 000	3.0	2.0				
			K>2 000	0.001 5K,且≤10.0	0.001 2K,且≤8.0				
	6	主梁、支腿等主要构件连接		焊缝无缺陷,螺栓无松动、缺损					
	7	钢丝绳、吊具、卷筒等部件安装		牢固可靠,无缺损					
	8	滑接器、滑接线安装		符合 GB 50256 要求					
	9	屏柜安装		符合 GB 50171、GB 50256 要求					
	10	照明装置、音响信号装置		符合 GB 50256 要求					
	11	安全警示标识		齐全,装置于醒目处					

检查意见:

　　主控项目共_____项,其中合格_____项,优良_____项,合格率_____%,优良率_____%。

　　一般项目共_____项,其中合格_____项,优良_____项,合格率_____%,优良率_____%。

检验人:	评定人:	监理工程师:
(签字) 年 月 日	(签字) 年 月 日	(签字) 年 月 日

注:S 为起重机跨度;K 为小车轨距。

<u>　　　　　　　　　　　</u>工程

表 7702.2　起重设备安装单元工程试运转质量检查表

编号：<u>　　　　　　　</u>

分部工程名称				单元工程名称			
安装部位				安装内容			
安装单位				试运转日期		年　月　日	
项次		检验项目	试运转要求		试运转情况		结果
空载试验	1	装置工作状况	安全装置、联锁装置、限位装置、操作控制装置动作灵敏可靠，符合各机构工作要求				
	2	电动机	运行正常，符合产品技术要求				
	3	大车	运行时不卡轨；行走时有警铃声；起重机限位装置有效、可靠；供电电缆收放与大车同步，电缆卷筒终点开关准确、可靠；大车运行与夹轨器、锚定装置、小车移动等联锁系统符合设计要求				
	4	小车和起升、取物机构	小车运行至极限位置时，终点低速保护、极限后报警和限位准确、可靠；起升机构和取物装置上升至终点和极限位置时，减速终点开关和极限开关的动作灵敏、可靠，报警断电及时；吊钩在最低位置时，卷筒上钢丝绳的圈数不少于 4 圈				
	5	系统运行效果	各挡位起升、大小车运行和取物装置的动作试验不少于 3 次，各系统运行符合设计要求，工作正常				
静载试验	1	额定荷载试验	起重机停放在墩（柱）处，小车停在跨中，逐渐加负荷做起升试验，至额定负荷后，使小车在全行程上往返运行数次，各部位无异常现象；卸载后桥架无异常现象				
	2	1.25 倍额定荷载试验	小车停置于跨中或有效悬臂处，无冲击地起升额定重量 1.25 倍的荷载距地面 100～200 mm 处，悬停 10 min 后，无失稳现象；主梁在跨中 $S/10$ 范围内的实有上拱度大于 $0.7S/1\,000$；卸载后将小车开到跨端，检查起重机的金属结构无裂纹、焊缝开裂、油漆起皱、连接松动和影响设备性能与安全的损伤，主梁无永久变形（主梁有永久变形时应重复试验，但不超过 3 次）				
	3	主梁实有上拱度检测	小车卸载后开到跨端，检测起重机主梁跨中范围 $S/10$ 范围内实有上拱度不小于 $0.7S/1\,000$				
动载试验			各机构的动载试验分别进行，运行时荷载在跨中，在全行程上进行；起吊重量为额定起重量的 1.1 倍，累计起动及运行时间不小于 1 h；各机构的动作灵敏、平稳、可靠；安全保护、连锁装置和限位开关及制动器的动作灵敏、可靠；卸载后起重机的机构、结构无损坏、永久性变形、连接松动、焊缝开裂等异常现象				

检查意见：

　　经检验，<u>　　　　　</u>起重设备性能试验<u>　　　　　　　　　</u>。

检验人：	评定人：	监理工程师：
（签字） 年　月　日	（签字） 年　月　日	（签字） 年　月　日

_____工程

表7703 通用门式起重机安装单元工程质量验收评定表

单位工程名称		单元工程量	
分部工程名称		安装单位	
单元工程名称、部位		评定日期	年 月 日

项次	工序名称	主控项目			一般项目		
		合格数	其中优良个数	优良率（%）	合格数	其中优良个数	优良率（%）
1	通用门式起重机单元工程安装质量						
	各项试验和试运转效果						

安装单位自评意见	各项试验和单元工程试运转符合要求,各项报验资料符合规定。检验项目全部合格。检验项目优良标准率为_____%,其中主控项目优良率为_____%。 单元工程安装质量验收评定等级为:_____。 （签字,加盖公章） 年 月 日
监理单位复核意见	各项试验和单元工程试运转符合要求,各项报验资料符合规定。检验项目全部合格。检验项目优良标准率为_____%,其中主控项目优良率为_____%。 单元工程安装质量验收评定等级为:_____。 （签字,加盖公章） 年 月 日

注:1.主控项目和一般项目中的合格数指达到合格及其以上质量标准的项目个数。

2.检验项目优良率=(主控项目优良数+一般项目优良数)/检验项目总数×100%。

3.本表所填"单元工程量"不作为施工单位工程量结算计量的依据。

表 7703.1　通用门式起重机安装单元工程质量检查表

编号：_____

分部工程名称					单元工程名称			
安装部位					安装内容			
安装单位					开/完工日期			

项次		检验项目		质量要求（允许偏差 mm）		检验（测）记录（mm）	合格数	优良数	质量等级
				合格	优良				
主控项目	1	跨度	$S \leq 10\,000$	±8.0	±6.0				
			$S > 10\,000$	±10.0	±8.0				
	2	大车前轮跨度与后轮跨度相对差	$S \leq 10\,000$	8.0	6.0				
			$S > 10\,000$	10.0	8.0				
	3	主梁中心与支腿下缘中心对角线相对差设计值		5.0	4.0				
	4	电气保护装置		绝缘电阻≥0.8 MΩ；保护动作可靠					
	5	安全保护装置	起重量限制器	接线正确，模拟动作正常					
			限位器	到极限位置时，自动切断动力电源					
			应急断电开关	能切断总动力电源，不能自动复归					
			联锁保护装置	能切断总动力电源					
一般项目	1	主梁旁弯度	正轨、半偏轨箱型梁	$S/2\,000$，且≤15，无内旁弯					
			其他梁	±3.0					

_____工程

续表 7703.1

项次	检验项目		质量要求(允许偏差 mm)		检验(测)记录(mm)	合格数	优良数	质量等级
			合格	优良				
一般项目	2	主梁上拱度	$(0.9\sim1.4)S/1\,000$					
	3	小车轨距	正轨、半偏轨箱型梁	跨端:±2.0;跨中:1.0~7.0				
			其他梁	±3.0	±2.0			
	4	同截面小车轨道高差	$K\leqslant2\,000$	3.0	2.0			
			$K>2\,000$	$0.001\,5K$,且 $\leqslant10.0$	$0.001\,2K$,且 $\leqslant8.0$			
	5	主梁、支腿等主要构件连接	焊缝无缺陷,螺栓无松动、缺损					
	6	钢丝绳、吊具、卷筒等部件安装	牢固可靠,无缺损					
	7	滑接器、滑接线安装	符合 GB 50256 要求					
	8	屏柜安装	符合 GB 50171、GB 50256 要求					
	9	照明装置、音响信号装置	符合 GB 50256 要求					
	10	安全警示标识	齐全,装置于醒目处					

检查意见:

　　主控项目共_____项,其中合格_____项,优良_____项,合格率_____%,优良率_____%。

　　一般项目共_____项,其中合格_____项,优良_____项,合格率_____%,优良率_____%。

检验人: （签字） 年 月 日	评定人: （签字） 年 月 日	监理工程师: （签字） 年 月 日

注:S 为起重机跨度;K 为小车轨距。

_____工程

表 7703.2 起重设备安装单元工程试运转质量检查表

编号：_____

分部工程名称				单元工程名称		
安装部位				安装内容		
安装单位				试运转日期	年　月　日	

项次		检验项目	试运转要求	试运转情况	结果
空载试验	1	装置工作状况	安全装置、联锁装置、限位装置、操作控制装置动作灵敏可靠,符合各机构工作要求		
	2	电动机	运行正常,符合产品技术要求		
	3	大车	运行时不卡轨;行走时有警铃声;起重机限位装置有效、可靠;供电电缆收放与大车同步,电缆卷筒终点开关准确、可靠;大车运行与夹轨器、锚定装置、小车移动等联锁系统符合设计要求		
	4	小车和起升、取物机构	小车运行至极限位置时,终点低速保护、极限后报警和限位准确、可靠;起升机构和取物装置上升至终点和极限位置时,减速终点开关和极限开关的动作灵敏、可靠,报警断电及时;吊钩在最低位置时,卷筒上钢丝绳的圈数不少于 4 圈		
	5	系统运行效果	各挡位起升、大小车运行和取物装置的动作试验不少于 3 次,各系统运行符合设计要求,工作正常		
静载试验	1	额定荷载试验	起重机停放在墩(柱)处,小车停在跨中,逐渐加负荷做起升试验,至额定负荷后,使小车在全行程上往返运行数次,各部位无异常现象;卸载后桥架无异常现象		
	2	1.25 倍额定荷载试验	小车停置于跨中或有效悬臂处,无冲击地起升额定重量 1.25 倍的荷载距地面 100~200 mm 处,悬停 10 min 后,无失稳现象;主梁在跨中 S/10 范围内的实有上拱度大于 0.7S/1 000;卸载后将小车开到跨端,检查起重机的金属结构无裂纹、焊缝开裂、油漆起皱、连接松动和影响设备性能与安全的损伤,主梁无永久变形(主梁有永久变形时应重复试验,但不超过 3 次)		
	3	主梁实有上拱度检测	小车卸载后开到跨端,检测起重机主梁跨中范围 S/10 范围内实有上拱度不小于 0.7S/1 000		
动载试验			各机构的动载试验分别进行,运行时荷载在跨中,在全行程上进行;起吊重量为额定起重量的 1.1 倍,累计起动及运行时间不小于 1 h;各机构的动作灵敏、平稳、可靠;安全保护、联锁装置和限位开关及制动器的动作灵敏、可靠;卸载后起重机的机构、结构无损坏、永久性变形、连接松动、焊缝开裂等异常现象		

检查意见：

经检验,_____起重设备性能试验_____。

检验人：	评定人：	监理工程师：
（签字）	（签字）	（签字）
年　月　日	年　月　日	年　月　日

工程

表 7704 电动单梁起重机安装单元工程质量验收评定表

单位工程名称				单元工程量			
分部工程名称				安装单位			
单元工程名称、部位				评定日期		年　月　日	

项次	工序名称	主控项目			一般项目		
		合格数	其中优良个数	优良率（%）	合格数	其中优良个数	优良率（%）
1	电动单梁起重机单元工程安装质量						
	各项试验和试运转效果						

安装单位自评意见	各项试验和单元工程试运转符合要求,各项报验资料符合规定。检验项目全部合格。检验项目优良标准率为_____%,其中主控项目优良率为_____%。 单元工程安装质量验收评定等级为:_____。 （签字,加盖公章）　　　年　月　日
监理单位复核意见	各项试验和单元工程试运转符合要求,各项报验资料符合规定。检验项目全部合格。检验项目优良标准率为_____%,其中主控项目优良率为_____%。 单元工程安装质量验收评定等级为:_____。 （签字,加盖公章）　　　年　月　日

注:1.主控项目和一般项目中的合格数指达到合格及其以上质量标准的项目个数。

2.检验项目优良率＝(主控项目优良数+一般项目优良数)/检验项目总数×100%。

3.本表所填"单元工程量"不作为施工单位工程量结算计量的依据。

_____工程

表7704.1 电动单梁起重机安装单元工程质量检查表

编号：_____

分部工程名称				单元工程名称				
安装部位				安装内容				
安装单位				开/完工日期				

项次		检验项目		质量要求(允许偏差 mm)		检验(测)记录（mm）	合格数	优良数	质量等级
				合格	优良				
主控项目	1	起重机跨度	悬挂式 $S\leqslant 10\,000$	±4.0	±3.0				
			悬挂式 $S>10\,000$	±5.0	±4.0				
			普通式 $S\leqslant 10\,000$	±2.0					
			普通式 $S>10\,000$	$\pm[2.0+0.1(S-10\,000)/1\,000]$					
	2	滚轮中心对角线相对差		5.0	4.0				
	3	电气保护装置		绝缘电阻≥0.8 MΩ；保护动作可靠					
	4	安全保护装置	起重量限制器	接线正确，模拟动作正常					
			限位器	到极限位置时，自动切断动力电源					
			应急断电开关	能切断总动力电源，不能自动复归					
一般项目	1	主梁旁弯度		$S/2\,000$					
	2	主要构件连接		焊缝无缺陷，螺栓无松动、缺损					
	3	钢丝绳、吊具、卷筒等部件安装		牢固可靠，无缺损					
	4	滑接器、滑接线安装		符合 GB 50256 要求					
	5	屏柜安装		符合 GB 50256 要求					
	6	安全警示标识		齐全，装置于醒目处					

检查意见：
　　主控项目共_____项，其中合格_____项，优良_____项，合格率_____%，优良率_____%。
　　一般项目共_____项，其中合格_____项，优良_____项，合格率_____%，优良率_____%。

检验人：	评定人：	监理工程师：
（签字） 　　年 月 日	（签字） 　　年 月 日	（签字） 　　年 月 日

注：S 为起重机跨度。

_____工程

表 7704.2 起重设备安装单元工程试运转质量检查表

编号：_____

分部工程名称			单元工程名称	
安装部位			安装内容	
安装单位			试运转日期	年　月　日

项次		检验项目	试运转要求	试运转情况	结果
空载试验	1	装置工作状况	安全装置、联锁装置、限位装置、操作控制装置动作灵敏可靠,符合各机构工作要求		
	2	电动机	运行正常,符合产品技术要求		
	3	大车	运行时不卡轨;行走时有警铃声;起重机限位装置有效、可靠;供电电缆收放与大车同步,电缆卷筒终点开关准确、可靠;大车运行与夹轨器、锚定装置、小车移动等联锁系统符合设计要求		
	4	小车和起升、取物机构	小车运行至极限位置时,终点低速保护、极限后报警和限位准确、可靠;起升机构和取物装置上升至终点和极限位置时,减速终点开关和极限开关的动作灵敏、可靠,报警断电及时;吊钩在最低位置时,卷筒上钢丝绳的圈数不少于 4 圈		
	5	系统运行效果	各挡位起升、大小车运行和取物装置的动作试验不少于 3 次,各系统运行符合设计要求,工作正常		
静载试验	1	额定荷载试验	起重机停放在墩(柱)处,小车停在跨中,逐渐加负荷做起升试验,至额定负荷后,使小车在全行程上往返运行数次,各部位无异常现象;卸载后桥架无异常现象		
	2	1.25 倍额定荷载试验	小车停置于跨中或有效悬臂处,无冲击地起升额定重量 1.25 倍的荷载距地面 100~200 mm 处,悬停 10 min 后,无失稳现象;主梁在跨中 S/10 范围内的实有上拱度大于 0.7S/1 000;卸载后将小车开到跨端,检查起重机的金属结构无裂纹、焊缝开裂、油漆起皱、连接松动和影响设备性能与安全的损伤,主梁无永久变形(主梁有永久变形时应重复试验,但不超过 3 次)		
	3	主梁实有上拱度检测	小车卸载后开到跨端,检测起重机主梁跨中范围 S/10 范围内实有上拱度不小于 0.7S/1 000		
		动载试验	各机构的动载试验分别进行,运行时荷载在跨中,在全行程上进行;起吊重量为额定起重量的 1.1 倍,累计起动及运行时间不小于 1 h;各机构的动作灵敏、平稳、可靠;安全保护、联锁装置和限位开关及制动器的动作灵敏、可靠;卸载后起重机的机构、结构无损坏、永久性变形、连接松动、焊缝开裂等异常现象		

检查意见：
　　经检验,_____起重设备性能试验_____。

检验人：	评定人：	监理工程师：
（签字） 年　月　日	（签字） 年　月　日	（签字） 年　月　日

_____工程

表7705 电动葫芦及轨道安装单元工程质量验收评定表

单位工程名称		单元工程量	
分部工程名称		安装单位	
单元工程名称、部位		评定日期	年　月　日

项次	工序名称	主控项目			一般项目		
		合格数	其中优良个数	优良率（%）	合格数	其中优良个数	优良率（%）
1	电动葫芦及轨道单元工程安装质量						
	各项试验和试运转效果						

安装单位自评意见	各项试验和单元工程试运转符合要求,各项报验资料符合规定。检验项目全部合格。检验项目优良标准率为＿＿＿＿＿%,其中主控项目优良率为＿＿＿＿＿%。 单元工程安装质量验收评定等级为:＿＿＿＿＿＿＿＿＿。 （签字,加盖公章）　　　年　月　日
监理单位复核意见	各项试验和单元工程试运转＿＿＿＿＿＿要求,各项报验资料＿＿＿＿＿＿规定。检验项目全部＿＿＿＿＿。检验项目优良标准率为＿＿＿＿＿%,其中主控项目优良率为＿＿＿＿＿%。 单元工程安装质量验收评定等级为:＿＿＿＿＿＿＿＿＿。 （签字,加盖公章）　　　年　月　日

注:1.主控项目和一般项目中的合格数指达到合格及其以上质量标准的项目个数。

2.检验项目优良率＝(主控项目优良数+一般项目优良数)/检验项目总数×100%。

3.本表所填"单元工程量"不作为施工单位工程量结算计量的依据。

表 7705.1 电动葫芦及轨道安装单元工程质量检查表

编号：_____

分部工程名称			单元工程名称	
安装部位			安装内容	
安装单位			开/完工日期	

项次		检验项目	质量要求(允许偏差 mm)		检验(测)记录(mm)	合格数	优良数	质量等级
			合格	优良				
主控项目	1	轨道接头错位	1.0					
	2	轮缘内侧与轨道翼缘单侧间隙	3.0~5.0					
	3	电动葫芦本体检查	部件完整,外观良好,连接可靠					
	4	电气保护装置	绝缘电阻≥0.8 MΩ;保护动作可靠					
	5	安全保护装置	起重量限制器	接线正确,模拟动作正常				
			限位器	到极限位置时,自动切断动力电源				
			应急断电开关	能切断总动力电源,不能自动复归				
	6	接地	可靠,接地电阻≤4Ω					
一般项目	1	轨道工作面直线度	$L/1\,000$					
	2	轨道旁弯	$L/2\,000$					
	3	滑接器、滑接线安装	符合 GB 50256 要求					
	4	屏柜安装	符合 GB 50256 要求					

检查意见：

　　主控项目共_____项,其中合格_____项,优良_____项,合格率_____%,优良率_____%。

　　一般项目共_____项,其中合格_____项,优良_____项,合格率_____%,优良率_____%。

检验人：	评定人：	监理工程师：
(签字)	(签字)	(签字)
年 月 日	年 月 日	年 月 日

注:L 为轨道长度。

_____工程

表 7705.2 起重设备安装单元工程试运转质量检查表

编号：_____

分部工程名称				单元工程名称			
安装部位				安装内容			
安装单位				试运转日期	年 月 日		
项次		检验项目	试运转要求		试运转情况		结果
空载试验	1	装置工作状况	安全装置、联锁装置、限位装置、操作控制装置动作灵敏可靠,符合各机构工作要求				
	2	电动机	运行正常,符合产品技术要求				
	3	大车	运行时不卡轨;行走时有警铃声;起重机限位装置有效、可靠;供电电缆收放与大车同步,电缆卷筒终点开关准确、可靠;大车运行与夹轨器、锚定装置、小车移动等联锁系统符合设计要求				
	4	小车和起升、取物机构	小车运行至极限位置时,终点低速保护、极限后报警和限位准确、可靠;起升机构和取物装置上升至终点和极限位置时,减速终点开关和极限开关的动作灵敏、可靠,报警断电及时;吊钩在最低位置时,卷筒上钢丝绳的圈数不少于 4 圈				
	5	系统运行效果	各挡位起升、大小车运行和取物装置的动作试验不少于 3 次,各系统运行符合设计要求,工作正常				
静载试验	1	额定荷载试验	起重机停放在墩(柱)处,小车停在跨中,逐渐加负荷做起升试验,至额定负荷后,使小车在全行程上往返运行数次,各部位无异常现象;卸载后桥架无异常现象				
	2	1.25 倍额定荷载试验	小车停置于跨中或有效悬臂处,无冲击地起升额定重量 1.25 倍的荷载距地面 $100 \sim 200$ mm 处,悬停 10 min 后,无失稳现象;主梁在跨中 $S/10$ 范围内的实有上拱度大于 $0.7S/1\,000$;卸载后将小车开到跨端,检查起重机的金属结构无裂纹、焊缝开裂、油漆起皱、连接松动和影响设备性能与安全的损伤,主梁无永久变形(主梁有永久变形时应重复试验,但不超过 3 次)				
	3	主梁实有上拱度检测	小车卸载后开到跨端,检测起重机主梁跨中范围 $S/10$ 范围内实有上拱度不小于 $0.7S/1\,000$				
动载试验			各机构的动载试验分别进行,运行时荷载在跨中,在全行程上进行;起吊重量为额定起重量的 1.1 倍,累计起动及运行时间不小于 1 h;各机构的动作灵敏、平稳、可靠;安全保护、联锁装置和限位开关及制动器的动作灵敏、可靠;卸载后起重机的机构、结构无损坏、永久性变形、连接松动、焊缝开裂等异常现象				

检查意见：

经检验,_____起重设备性能试验_____。

检验人： （签字） 年 月 日	评定人： （签字） 年 月 日	监理工程师： （签字） 年 月 日

第 8 部分

发电电气设备安装工程验收评定表

_____工程

表 8001　六氟化硫(SF₆)断路器安装单元工程质量验收评定表

单位工程名称			单元工程量	
分部工程名称			安装单位	
单元工程名称、部位			评定日期	
项目			检验结果	
外观	主控项目			
	一般项目			
安装	主控项目			
	一般项目			
电气试验及操作试验	主控项目			
安装单位自评意见	安装质量检验主控项目_____项,全部符合SL 638—2013质量要求;一般项目_____项,与SL 638—2013有微小出入的_____项,所占比率为_____%。质量要求操作试验或试运行符合SL 638—2013的要求,操作试验或试运行_____出现故障。 单元工程安装质量等级评定为:_____。 (签字,加盖公章)　　　　年　月　日			
监理单位复核意见	安装质量检验主控项目_____项,全部符合SL 638—2013质量要求;一般项目_____项,与SL 638—2013有微小出入的_____项,所占比率为_____%。质量要求操作试验或试运行符合SL 638—2013的要求,操作试验或试运行_____出现故障。 单元工程安装质量等级评定为:_____。 (签字,加盖公章)　　　　年　月　日			

表 8001.1　六氟化硫(SF$_6$)断路器外观质量检查表

编号:_____

分部工程名称				单元工程名称		
安装内容						
安装单位				开/完工日期		

项次		检验项目	质量要求	检验结果	检验人(签字)
主控项目	1	外观	(1)零部件及配件齐全、无锈蚀和损伤、变形; (2)瓷套表面光滑无裂纹、缺损,铸件无砂眼; (3)绝缘部件无变形、受潮、裂纹和剥落,绝缘良好,绝缘拉杆端部连接部件牢固可靠		
	2	操作机构	零件齐全,轴承光滑无卡涩,铸件无裂纹,焊接良好		
一般项目	1	密封材料	组装用的螺栓、密封垫、密封脂、清洁剂和润滑脂等符合产品技术文件要求		
	2	密度继电器、压力表	有产品合格证明和校验报告		
	3	均压电容、合闸电阻	技术数值符合产品技术文件要求		

检查意见:

　　主控项目共_____项,其中符合SL 638—2013质量要求_____项。

　　一般项目共_____项,其中符合SL 638—2013质量要求_____项,与SL 638—2013有微小出入_____项。

安装单位评定人			监理工程师	
	(签字) 年 月 日			(签字) 年 月 日

_____工程

表 8001.2　六氟化硫(SF$_6$)断路器安装质量检查表

编号:_____

分部工程名称				单元工程名称		
安装内容						
安装单位				开/完工日期		
项次		检验项目	质量要求	检验结果		检验人(签字)
主控项目	1	各部件密封	密封槽面清洁,无划伤痕迹			
	2	螺栓紧固	力矩值符合产品技术文件要求			
	3	设备载流部分及引下线连接	(1)设备接线端子的接触表面平整、清洁、无氧化膜,并涂以薄层电力复合脂,镀银部分应无挫磨; (2)设备载流部分的可挠连接无折损、表面凹陷及锈蚀; (3)连接螺栓齐全、紧固,紧固力矩应符合GB 50149的规定			
	4	接地	符合设计文件和产品技术文件要求,且无锈蚀、损伤,连接牢靠			
	5	二次回路	信号和控制回路应符合GB 50171的规定			
一般项目	1	基础及支架	(1)基础中心距离及高度允许误差为±10 mm; (2)预留孔或预埋件中心线允许误差为±10 mm; (3)预埋螺栓中心线允许误差为±2 mm; (4)支架或底架与基础的垫片不宜超过3片,其总厚度不大于10 mm			
	2	吊装	无碰撞和擦伤			
	3	吸附剂	现场检查产品包装符合产品技术文件要求,必要时进行干燥处理			

检查意见:

　　主控项目共_____项,其中符合SL 638—2013质量要求_____项。

　　一般项目共_____项,其中符合SL 638—2013质量要求_____项,与SL 638—2013有微小出入_____项。

安装单位评定人	(签字) 年　月　日	监理工程师	(签字) 年　月　日

_____工程

表 8001.3 六氟化硫(SF$_6$)气体管理及充注质量检查表

编号:_____

分部工程名称				单元工程名称		
安装内容						
安装单位				开/完工日期		
项次		检验项目	质量要求		检验结果	检验人(签字)
主控项目	1	充气设备及管路	洁净,无水分、油污,管路连接部分无渗漏			
	2	充气前断路器内部真空度	符合产品技术文件要求			
	3	充气后六氟化硫(SF$_6$)气体含水量及整体密封试验	(1)与灭弧室相通的气室六氟化硫(SF$_6$)气体含水量,应小于150 μL/L; (2)不与灭弧室相通的气室六氟化硫(SF$_6$)气体含水量,应小于250 μL/L; (3)每个气室年泄漏率不大于1%			
	4	六氟化硫(SF$_6$)气体压力检查	各气室六氟化硫(SF$_6$)气体压力符合产品技术文件要求			
一般项目	1	六氟化硫(SF$_6$)气体监督管理	应符合 GB 50147 的规定			

检查意见:

主控项目共_____项,其中符合SL 638—2013质量要求_____项。

一般项目共_____项,其中符合SL 638—2013质量要求_____项,与SL 638—2013有微小出入_____项。

安装单位评定人		监理工程师	
	(签字) 年 月 日		(签字) 年 月 日

表 8001.4 六氟化硫(SF₆)断路器电气试验及操作试验质量检查表

编号：_____

分部工程名称		单元工程名称	
安装内容			
安装单位		开/完工日期	

项次		检验项目	质量要求	检验结果	检验人(签字)
主控项目	1	绝缘电阻	符合产品技术文件要求		
	2	导电回路电阻	符合产品技术文件要求		
	3	分、合闸线圈绝缘电阻及直流电阻	符合产品技术文件要求		
	4	操动机构试验	(1)位置指示器动作正确可靠,分、合位置指示与断路器实际分、合状态一致; (2)断路器及其操作机构的联动正常,无卡阻现象,辅助开关动作正确可靠		
	5	分、合闸时间,分、合闸速度,触头的分、合闸同期性及配合时间	应符合 GB 50150 的规定及产品技术文件要求		
	6	密度继电器、压力表和压力动作阀	压力显示正常,动作值符合产品技术文件要求		
	7	交流耐压试验	应符合 GB 50150 的规定,试验中耐受规定的试验电压而无破坏性放电现象		

检查意见：
  主控项目共_____项,其中符合SL 638—2013质量要求_____项。

安装单位 评定人		监理工程师	
	(签字) 年 月 日		(签字) 年 月 日

_____工程

表 8002　真空断路器安装单元工程质量验收评定表

单位工程名称			单元工程量	
分部工程名称			安装单位	
单元工程名称、部位			评定日期	
项目			检验结果	
外观	主控项目			
	一般项目			
安装	主控项目			
	一般项目			
电气试验及操作试验	主控项目			
安装单位自评意见	安装质量检验主控项目_____项,全部符合SL 638—2013质量要求;一般项目_____项,与SL 638—2013有微小出入的_____项,所占比率为_____%。质量要求操作试验或试运行符合SL 638—2013的要求,操作试验或试运行_____出现故障。 单元工程安装质量等级评定为:_____。 (签字,加盖公章)　　　年　月　日			
监理单位复核意见	安装质量检验主控项目_____项,全部符合SL 638—2013质量要求;一般项目_____项,与SL 638—2013有微小出入的_____项,所占比率为_____%。质量要求操作试验或试运行符合SL 638—2013的要求,操作试验或试运行_____出现故障。 单元工程安装质量等级评定为:_____。 (签字,加盖公章)　　　年　月　日			

表 8002.1 真空断路器外观质量检查表

编号：_____

分部工程名称			单元工程名称	
安装内容				
安装单位			开/完工日期	

项次		检验项目	质量要求	检验结果	检验人（签字）
主控项目	1	导电部分	（1）设备接线端子的接触表面平整、清洁、无氧化膜,镀银层完好； （2）设备载流部分的可挠连接无折损、表面凹陷及锈蚀； （3）真空断路器本体两端与外部连接的触头洁净光滑,镀银层完好,触头弹簧齐全、无损伤		
	2	绝缘部件	无变形、受潮		
一般项目	1	外观	(1)绝缘隔板齐全、完好； (2)灭弧室、瓷套与铁件间应粘合牢固、无裂纹及破损； (3)相色标志清晰、正确		
	2	断路器支架	焊接良好,外部防腐层完整		

检查意见：

　主控项目共_____项,其中符合SL 638—2013质量要求_____项。

　一般项目共_____项,其中符合SL 638—2013质量要求_____项,与SL 638—2013有微小出入_____项。

安装单位 评定人			监理工程师	
		（签字） 　　年　月　日		（签字） 　　年　月　日

表 8002.2 真空断路器安装质量检查表

编号：_____

分部工程名称				单元工程名称	
安装内容					
安装单位				开/完工日期	

项次		检验项目	质量要求	检验结果	检验人(签字)
主控项目	1	导电部分	设备导电部分连接可靠,接线端子搭接面和螺栓紧固力矩符合 GB 50149 的规定		
	2	弹簧操作机构	(1)分、合闸闭锁装置动作灵活,复位准确,扣合可靠; (2)机构分、合位置指示与设备实际分、合状态一致; (3)三相联动连杆的拐臂应在同一水平面上,拐臂角度应一致		
	3	接地	接地牢固,导通良好		
	4	二次回路	信号和控制回路符合 GB 50171 的规定		
一般项目	1	基础或支架	(1)中心距离及高度允许误差为±10 mm; (2)预留孔或预埋件中心线允许误差为±10 mm; (3)预埋螺栓中心线允许误差±2 mm		
	2	本体安装	安装垂直、固定牢固、相间支持瓷件在同一水平面上		

检查意见:
　　主控项目共_____项,其中符合SL 638—2013质量要求_____项。
　　一般项目共_____项,其中符合SL 638—2013质量要求_____项,与SL 638—2013有微小出入_____项。

安装单位 评定人	(签字) 　　年　月　日	监理工程师	(签字) 　　年　月　日

_____工程

表 8002.3 真空断路器电气试验及操作试验质量检查表

编号：_____

分部工程名称			单元工程名称	
安装内容				
安装单位			开/完工日期	

项次		检验项目	质量要求	检验结果	检验人(签字)
主控项目	1	绝缘电阻	整体及绝缘拉杆绝缘电阻值应符合 GB 50150 的规定及产品技术文件要求		
	2	导电回路电阻	符合产品技术文件要求		
	3	分、合闸线圈及合闸接触器线圈的绝缘电阻和直流电阻	符合产品技术文件要求		
	4	操动机构试验	(1)位置指示器动作应正确可靠,分、合位置指示与设备实际分、合状态一致; (2)断路器及其操作机构的联动正常,无卡阻现象,辅助开关动作正确可靠		
	5	主触头分、合闸的时间,分、合闸的同期性,合闸时触头的弹跳时间	应符合 GB 50150 的规定		
	6	交流耐压试验	应符合 GB 50150 的规定		
	7	并联电阻、电容	符合产品技术文件要求		

检查意见：
　　主控项目共_____项,其中符合SL 638—2013质量要求_____项。

安装单位 评定人		监理工程师	
	(签字) 年　月　日		(签字) 年　月　日

_____工程

表 8003　隔离开关安装单元工程质量验收评定表

单位工程名称			单元工程量	
分部工程名称			安装单位	
单元工程名称、部位			评定日期	
项目			检验结果	
外观	主控项目			
	一般项目			
安装	主控项目			
	一般项目			
电气试验及操作试验	主控项目			
安装单位自评意见	安装质量检验主控项目_____项,全部符合SL 638—2013质量要求;一般项目_____项,与SL 638—2013有微小出入的_____项,所占比率为_____%。质量要求操作试验或试运行符合SL 638—2013的要求,操作试验或试运行_____出现故障。 单元工程安装质量等级评定为:_____。 　　　　　　　　　　　　　　(签字,加盖公章)　　　　年　月　日			
监理单位复核意见	安装质量检验主控项目_____项,全部符合SL 638—2013质量要求;一般项目_____项,与SL 638—2013有微小出入的_____项,所占比率为_____%。质量要求操作试验或试运行符合SL 638—2013的要求,操作试验或试运行_____出现故障。 单元工程安装质量等级评定为:_____。 　　　　　　　　　　　　　　(签字,加盖公章)　　　　年　月　日			

· 424 ·

表 8003.1 隔离开关外观质量检查表

编号：_____

分部工程名称				单元工程名称	
安装内容					
安装单位				开/完工日期	

项次		检验项目	质量要求	检验结果	检验人（签字）
主控项目	1	瓷件	（1）瓷件无裂纹、破损，瓷铁胶合处粘合牢固； （2）法兰结合面平整、无外伤或铸造砂眼		
	2	导电部分	可挠软连接无折损，接线端子（或触头）镀层完好		
一般项目	1	开关本体	无变形和锈蚀，涂层完整，相色正确		
	2	操动机构	操动机构部件齐全，固定连接件连接紧固，转动部分涂有润滑脂		

检查意见：

主控项目共_____项，其中符合SL 638—2013质量要求_____项。

一般项目共_____项，其中符合SL 638—2013质量要求_____项，与SL 638—2013有微小出入_____项。

安装单位 评定人	（签字） 年　月　日	监理工程师	（签字） 年　月　日

_____工程

表 8003.2　隔离开关安装质量检查表

编号：_____

分部工程名称			单元工程名称	
安装内容				
安装单位			开/完工日期	

项次		检验项目	质量要求	检验结果	检验人(签字)
主控项目	1	导电部分	(1)触头表面平整、清洁,载流部分表面无严重凹陷及锈蚀,载流部分的可挠连接无折损; (2)触头间接触紧密,两侧的接触压力均匀,并符合产品文件技术要求。当采用插入连接时,导体插入深度符合产品技术文件要求; (3)设备连接端子涂以薄层电力复合脂。连接螺栓齐全、紧固,紧固力矩应符合 GB 50149 的规定		
	2	支柱绝缘子	(1)支柱绝缘子与底座平面(Ⅴ型隔离开关除外)垂直、连接牢固,同相各支柱绝缘子的中心线在同一垂直平面内; (2)同相各绝缘子支柱的中心线在同一垂直平面内		
	3	传动装置	(1)拉杆与带电部分的距离应符合 GB 50149 的规定; (2)传动部件安装位置正确,固定牢靠,传动齿轮齿合准确; (3)定位螺钉调整、固定符合产品技术文件要求; (4)所有传动摩擦部位,应涂以适合当地气候的润滑脂		
	4	操动机构	(1)安装牢固,各固定部件螺栓紧固,开口销必须分开; (2)机构动作平稳,无卡阻、冲击; (3)限位装置准确可靠;辅助开关动作与隔离开关动作一致、接触准确可靠; (4)分、合闸位置指示正确		
	5	接地	接地牢固,导通良好		
	6	二次回路	机构箱内信号和控制回路应符合 GB 50171 的规定		
一般项目	1	基础或支架	(1)中心距离及高度允许误差为±10 mm; (2)预留孔或预埋件中心线允许误差为±10 mm; (3)预埋螺栓中心线允许误差为±2 mm		
	2	本体安装	(1)安装垂直、固定牢固、相间支持瓷件在同一水平面上; (2)相间距离允许误差为±10 mm,相间连杆在同一水平线上		

检查意见:
　　主控项目共_____项,其中符合SL 638—2013质量要求_____项。
　　一般项目共_____项,其中符合SL 638—2013质量要求_____项,与SL 638—2013有微小出入_____项。

安装单位 评定人		监理工程师	
	(签字) 　　年　月　日		(签字) 　　年　月　日

_____工程

表 8003.3　隔离开关电气试验及操作试验质量检查表

编号：_____

分部工程名称				单元工程名称	
安装内容					
安装单位				开/完工日期	

项次		检验项目	质量要求	检验结果	检验人(签字)
主控项目	1	绝缘电阻	应符合 GB 50150 的规定及产品技术文件要求		
	2	导电回路电阻	符合产品技术文件要求		
	3	交流耐压试验	应符合 GB 50150 的规定		
	4	三相同期性	符合产品技术文件要求		
	5	操动机构线圈的最低动作电压值	符合产品技术文件要求		
	6	操动机构试验	(1)电动机及二次控制线圈和电磁闭锁装置在其额定电压的 80%～110% 范围内时,隔离开关主闸刀或接地闸刀分、合闸动作可靠; (2)机械或电气闭锁装置准确可靠		

检查意见：
　　主控项目共_____项,其中符合SL 638—2013质量要求_____项。

安装单位 评定人	(签字) 年　月　日	监理工程师	(签字) 年　月　日

_____工程

表 8004　负荷开关及高压熔断器安装单元工程质量验收评定表

单位工程名称			单元工程量	
分部工程名称			安装单位	
单元工程名称、部位			评定日期	
项目			检验结果	
外观	主控项目			
	一般项目			
安装	主控项目			
	一般项目			
电气试验及操作试验	主控项目			
安装单位自评意见	安装质量检验主控项目_____项,全部符合SL 638—2013质量要求;一般项目_____项,与SL 638—2013有微小出入的_____项,所占比率为_____%。质量要求操作试验或试运行符合SL 638—2013的要求,操作试验或试运行_____出现故障。 单元工程安装质量等级评定为:_____。 　　　　　　　　　　　　　　　　　(签字,加盖公章)　　　年　月　日			
监理单位复核意见	安装质量检验主控项目_____项,全部符合SL 638—2013质量要求;一般项目_____项,与SL 638—2013有微小出入的_____项,所占比率为_____%。质量要求操作试验或试运行符合SL 638—2013的要求,操作试验或试运行_____出现故障。 单元工程安装质量等级评定为:_____。 　　　　　　　　　　　　　　　　　(签字,加盖公章)　　　年　月　日			

表 8004.1　负荷开关及高压熔断器外观质量检查表

编号：_____

分部工程名称		单元工程名称	
安装内容			
安装单位		开/完工日期	

项次		检验项目	质量要求	检验结果	检验人（签字）
一般项目	1	负荷开关	（1）部件齐全、完整； （2）灭弧筒内产生气体的有机绝缘物应完整无裂纹；绝缘子表面清洁，无裂纹、破损、焊接残留斑点等缺陷，瓷瓶与金属法兰胶装部位牢固密实； （3）支柱绝缘子无裂纹、损伤，无修补； （4）操动机构零部件齐全，所有固定连接部分应紧固，转动部分涂有润滑脂； （5）带油负荷开关外露部分及油箱清理干净，油位正常，油质合格，无渗漏		
	2	高压熔断器	（1）零部件齐全、无锈蚀，熔管无裂纹、破损； （2）熔丝的规格符合设计文件要求，且无弯折、压扁或损伤		

检查意见：
　　一般项目共_____项，其中符合SL 638—2013质量要求_____项，与SL 638—2013有微小出入_____项。

安装单位 评定人		（签字） 年　月　日	监理工程师		（签字） 年　月　日

_____工程

表 8004.2 负荷开关及高压熔断器安装质量检查表

编号:_____

分部工程名称		单元工程名称	
安装内容			
安装单位		开/完工日期	

	项次	检验项目	质量要求	检验结果	检验人(签字)
主控项目	1	导电部分	(1)负荷开关触头表面平整、清洁,载流部分表面无严重凹陷及锈蚀,载流部分的可挠连接无折损; (2)负荷开关合闸主固定触头与主刀接触紧密,两侧的接触压力均匀,分闸时三相灭弧刀片应同时跳离固定灭弧触头。当采用插入连接时,导体插入深度符合产品技术文件要求; (3)设备连接端子涂以薄层电力复合脂。连接螺栓齐全、紧固,紧固力矩应符合 GB 50149 的规定		
	2	支柱绝缘子	(1)支柱绝缘子与底座平面垂直、连接牢固,同一绝缘子柱的各绝缘子中心线应在同一垂直线上; (2)同相各绝缘子支柱的中心线在同一垂直平面内		
	3	传动装置	(1)拉杆与带电部分的距离应符合 GB 50149 的规定; (2)传动部件安装位置正确,固定牢靠;传动齿轮啮合准确; (3)定位螺钉调整、固定符合产品技术文件要求; (4)所有传动摩擦部位,应涂以适合当地气候的润滑脂		
	4	操动机构	(1)安装牢固,各固定部件螺栓紧固,开口销必须分开; (2)机构动作平稳,无卡阻、冲击; (3)分、合闸位置指示正确		
	5	接地	接地牢固,导通良好		
	6	二次回路	信号和控制回路应符合 GB 50171 的规定		

续表 8004.2

项次		检验项目	质量要求	检验结果	检验人(签字)
一般项目	1	基础或支架	(1)中心距离及高度允许误差为±10 mm; (2)预留孔或预埋件中心线允许误差为±10 mm; (3)预埋螺栓中心线允许误差为±2 mm		
	2	本体安装	(1)安装垂直、固定牢固、相间支持瓷件在同一水平面上; (2)相间距离允许误差为±10 mm,相间连杆在同一水平线上		
	3	熔丝	熔丝的规格符合设计文件要求,且无弯曲、压扁或损伤		

检查意见:

　主控项目共＿＿＿＿＿项,其中符合SL 638—2013质量要求＿＿＿＿＿项。

　一般项目共＿＿＿＿＿项,其中符合SL 638—2013质量要求＿＿＿＿＿项,与SL 638—2013有微小出入＿＿＿＿＿项。

安装单位 评定人	(签字) 年 月 日	监理工程师	(签字) 年 月 日

表 8004.3 负荷开关及高压熔断器电气试验及操作试验质量检查表

编号:_____

分部工程名称				单元工程名称		
安装内容						
安装单位				开/完工日期		
项次		检验项目	质量要求	检验结果		检验人(签字)
主控项目	1	绝缘电阻	应符合 GB 50150 的规定及产品技术文件要求			
	2	导电回路电阻	应符合 GB 50150 的规定及产品技术文件要求			
	3	交流耐压试验	应符合 GB 50150 的规定			
	4	三相同期性	负荷开关三相触头接触的同期性和分闸状态时触头间净距及拉开角度符合产品技术文件要求			
	5	操动机构线圈最低动作电压	符合产品技术文件要求			
	6	操动机构试验	(1)电动机及二次控制线圈和电磁闭锁装置在其额定电压的80%～110%范围内时,隔离开关主闸刀或接地闸刀分、合闸动作可靠; (2)机械或电气闭锁装置准确可靠			
	7	高压熔断器熔丝直流电阻	高压限流熔丝管熔丝的直流电阻值与同型产品相比无明显差别			

检查意见:
　　主控项目共_____项,其中符合SL 638—2013质量要求_____项。

安装单位 评定人	(签字) 年 月 日	监理工程师	(签字) 年 月 日

＿＿＿＿＿＿＿＿＿＿工程

表 8005　互感器安装单元工程质量验收评定表

单位工程名称			单元工程量	
分部工程名称			安装单位	
单元工程名称、部位			评定日期	
项目			检验结果	
外观	主控项目			
	一般项目			
安装	主控项目			
	一般项目			
电气试验及操作试验	主控项目			
安装单位自评意见	安装质量检验主控项目＿＿＿＿＿项,全部符合SL 638—2013质量要求;一般项目＿＿＿＿＿项,与SL 638—2013有微小出入的＿＿＿＿＿项,所占比率为＿＿＿＿＿%。质量要求操作试验或试运行符合SL 638—2013的要求,操作试验或试运行＿＿＿＿＿出现故障。 单元工程安装质量等级评定为:＿＿＿＿＿＿＿＿＿。 （签字,加盖公章）　　　　年　月　日			
监理单位复核意见	安装质量检验主控项目＿＿＿＿＿项,全部符合SL 638—2013质量要求;一般项目＿＿＿＿＿项,与SL 638—2013有微小出入的＿＿＿＿＿项,所占比率为＿＿＿＿＿%。质量要求操作试验或试运行符合SL 638—2013的要求,操作试验或试运行＿＿＿＿＿出现故障。 单元工程安装质量等级评定为:＿＿＿＿＿＿＿＿＿。 （签字,加盖公章）　　　　年　月　日			

工程

表 8005.1 互感器外观质量检查表

编号：＿＿＿＿＿＿＿＿

分部工程名称				单元工程名称		
安装内容						
安装单位				开/完工日期		

项次		检验项目	质量要求	检验结果	检验人（签字）
一般项目	1	铭牌标志	完整、清晰		
	2	外观	完整、附件齐全、无锈蚀及机械损伤		
	3	铁芯	无变形且清洁紧密、无锈蚀		
	4	二次接线板引线端子及绝缘	连接牢固，绝缘完好		
	5	绝缘夹件及支持物	牢固，无损伤，无分层开裂		
	6	螺栓	无松动，附件完整		

检查意见：

　　一般项目共＿＿＿＿＿＿＿项，其中符合 SL 638—2013 质量要求＿＿＿＿＿＿＿项，与 SL 638—2013 有微小出入＿＿＿＿＿＿＿项。

安装单位评定人	（签字） 年 月 日	监理工程师	（签字） 年 月 日

_____工程

表 8005.2 互感器安装质量检查表

编号：_____

分部工程名称				单元工程名称	
安装内容					
安装单位				开/完工日期	
项次		检验项目	质量要求	检验结果	检验人(签字)
主控项目	1	本体安装	(1)支架安装面应水平； (2)并列安装时排列整齐,同一组互感器极性方向一致； (3)母线式电流互感器等电位线与一次导体接触紧密、可靠； (4)零序电流互感器的安装,不应使构架或其他导磁体与互感器铁芯直接接触,不构成闭合磁回路		
	2	接地	(1)电压互感器铁芯接地可靠；电压互感器的一次绕组中性点接地符合设计文件要求； (2)电流互感器备用二次绕组端子先短路后接地		
一般项目	1	连接螺栓	齐全、紧固		

检查意见：
  主控项目共_____项,其中符合SL 638—2013质量要求_____项。
  一般项目共_____项,其中符合SL 638—2013质量要求_____项,与SL 638—2013有微小出入_____项。					

安装单位 评定人		（签字） 年 月 日		监理工程师	（签字） 年 月 日

_____工程

表 8005.3　互感器电气试验质量检查表

编号：_____

分部工程名称			单元工程名称	
安装内容				
安装单位			开/完工日期	

项次		检验项目	质量要求	检验结果	检验人(签字)
主控项目	1	绕组绝缘电阻	应符合 GB 50150 的规定或产品技术文件要求		
	2	铁芯夹紧螺栓绝缘电阻	应符合 GB 50150 的规定或产品技术文件要求		
	3	接线组别和极性	符合设计文件要求,与铭牌和标志相符		
	4	变比检查	符合设计文件要求及产品技术文件要求		
	5	交流耐压试验	应符合 GB 50150 的规定		
	6	绕组直流电阻	(1)电压互感器绕组直流电阻测量值与换算到同一温度下的出厂值比较,一次绕组相差不宜大于 10%,二次绕组相差不宜大于 15%, (2)同型号、同规格、同批次电流互感器一次、二次绕组的直流电阻测量值与其平均值的差异不宜大于 10%		
	7	励磁特性	(1)当继电保护对电流互感器的励磁特性有要求时,应进行励磁特性曲线试验,试验结果符合产品技术文件要求; (2)电压互感器励磁曲线测量应符合 GB 50150 的规定		
	8	误差	应符合 GB 50150 的规定或产品技术文件要求		

检查意见：

　　主控项目共_____项,其中符合SL 638—2013质量要求_____项。

安装单位 评定人	(签字) 年　月　日	监理工程师	(签字) 年　月　日

_____工程

表 8006　电抗器与消弧线圈安装单元工程质量验收评定表

单位工程名称			单元工程量	
分部工程名称			安装单位	
单元工程名称、部位			评定日期	
项目			检验结果	
电 抗 器 与 消 弧 线 圈外观	主控项目			
	一般项目			
电 抗 器 安装	主控项目			
	一般项目			
消 弧 线 圈安装	主控项目			
	一般项目			
电 抗 器 电气试验	主控项目			
消弧线圈 电气试验	主控项目			
安装单位自评意见	安装质量检验主控项目_____项,全部符合SL 638—2013质量要求;一般项目_____项,与SL 638—2013有微小出入的_____项,所占比率为_____%。质量要求操作试验或试运行符合SL 638—2013的要求,操作试验或试运行_____出现故障。 单元工程安装质量等级评定为:_____。 　　　　　　　　　　　　　　　　(签字,加盖公章)　　　年　月　日			
监理单位复核意见	安装质量检验主控项目_____项,全部符合SL 638—2013质量要求;一般项目_____项,与SL 638—2013有微小出入的_____项,所占比率为_____%。质量要求操作试验或试运行符合SL 638—2013的要求,操作试验或试运行_____出现故障。 单元工程安装质量等级评定为:_____。 　　　　　　　　　　　　　　　　(签字,加盖公章)　　　年　月　日			

_____工程

表 8006.1 电抗器与消弧线圈外观质量检查表

编号：_____

分部工程名称				单元工程名称		
安装内容						
安装单位				开/完工日期		

项次		检验项目	质量要求	检验结果	检验人(签字)
主控项目	1	电抗器支柱及线圈	(1)支柱及线圈绝缘无损伤和裂纹； (2)线圈无变形		
一般项目	1	电抗器外观	(1)各部位螺栓连接紧固； (2)支柱绝缘子及其附件齐全,支柱绝缘子瓷铁浇装连接牢固； (3)磁性材料各部件固定牢固； (4)线圈外部的绝缘漆完好；各部油漆完整		
	2	消弧线圈外观	(1)铭牌及接线图标志齐全清晰； (2)附件齐全完好,绝缘子外观光滑,无裂纹		

检查意见：

主控项目共_____项,其中符合SL 638—2013质量要求_____项。

一般项目共_____项,其中符合SL 638—2013质量要求_____项,与SL 638—2013有微小出入_____项。

安装单位 评定人	（签字） 年 月 日	监理工程师	（签字） 年 月 日

_____工程

表 8006.2 电抗器安装质量检查表

编号: _____

分部工程名称				单元工程名称	
安装内容					
安装单位				开/完工日期	

项次		检验项目	质量要求	检验结果	检验人(签字)
主控项目	1	本体及附件安装	(1)各部位无变形损伤,且固定牢固、螺栓紧固; (2)铁芯一点接地; (3)三相垂直排列绕组绕向中间相与上下两相相反且三相中心线一致。两相重叠,一相并列,绕组绕向两相相反,另一相与上面相同;三相水平排列,绕组绕向相同。底层的所有支柱绝缘子接地良好,其余的支柱绝缘子不接地; (4)附近安装的二次电缆和二次设备间采取防电磁干扰的措施,二次电缆的接地线不构成闭合回路		
	2	二次回路	信号和控制回路应符合 GB 50171 的规定		
一般项目	1	保护网	(1)采用金属围栏时,金属围栏有明显断开点,并不通过接地线构成闭合回路; (2)保护网网门开启灵活且只能向外侧开启,门锁齐全;且网眼牢固,均匀一致		

检查意见:

主控项目共_____项,其中符合SL 638—2013质量要求_____项。

一般项目共_____项,其中符合SL 638—2013质量要求_____项,与SL 638—2013有微小出入_____项。

安装单位 评定人	(签字) 年　月　日	监理工程师	(签字) 年　月　日

表 8006.3 消弧线圈安装质量检查表

编号：_____

分部工程名称			单元工程名称	
安装内容				
安装单位			开/完工日期	

项次		检验项目	质量要求	检验结果	检验人（签字）
主控项目	1	铁芯	紧固件无松动,有且只有一点接地		
	2	绕组	接线牢固正确,表面无放电痕迹及裂纹		
	3	引出线	绝缘层无损伤、裂纹,裸露导体无毛刺尖角,防松件齐全、完好,引线支架固定牢固,无损伤		
	4	外壳及本体接地	应符合 GB 50169 的规定或产品技术文件要求		
	5	二次回路	信号和控制回路应符合 GB 50171 的规定		
一般项目	1	相色标志	相色标志齐全、正确		
	2	开启门接地	应符合 GB 50169 的规定或产品技术文件要求		

检查意见：

主控项目共_____项,其中符合SL 638—2013质量要求_____项。

一般项目共_____项,其中符合SL 638—2013质量要求_____项,与SL 638—2013有微小出入_____项。

安装单位评定人	（签字） 年 月 日	监理工程师	（签字） 年 月 日

工程

表 8006.4　电抗器电气试验质量检查表

编号：_____

分部工程名称				单元工程名称		
安装内容						
安装单位				开/完工日期		
项次		检验项目	质量要求	检验结果		检验人（签字）
主控项目	1	绕组连同套管的绝缘电阻、吸收比或极化指数	应符合 GB 50150 的规定			
	2	绕组连同套管的直流电阻	（1）测量应在各分接头的所有位置上进行,实测值与出厂值的变化规律一致； （2）三相绕组直流电阻值相互间差值不大于三相平均值的 2%； （3）与同温下产品出厂值比较相应变化不大于 2%			
	3	绕组连同套管的交流耐压试验	应符合 GB 50150 的规定			
	4	干式电抗器额定电压下冲击合闸试验	进行 5 次,每次间隔为 5 min,无异常现象			

检查意见：
　　主控项目共_____项,其中符合SL 638—2013质量要求_____项。

安装单位评定人		（签字） 年　月　日	监理工程师		（签字） 年　月　日

_____工程

表 8006.5 消弧线圈电气试验质量检查表

编号：_____

分部工程名称			单元工程名称		
安装内容					
安装单位			开/完工日期		

项次		检验项目	质量要求	检验结果	检验人(签字)
主控项目	1	绕组连同套管的绝缘电阻、吸收比或极化指数	应符合 GB 50150 的规定		
	2	绕组连同套管的直流电阻	(1)测量应在各分接头的所有位置上进行,实测值与出厂值的变化规律一致; (2)与同温下产品出厂值比较相应变化不大于2%		
	3	与铁芯绝缘的各紧固件的绝缘电阻	应符合 GB 50150 的规定或产品技术条件文件要求		
	4	绕组连同套管的交流耐压试验	应符合 GB 50150 的规定		

检查意见：

　　主控项目共_____项,其中符合SL 638—2013质量要求_____项。

安装单位 评定人	(签字) 年　月　日	监理工程师	(签字) 年　月　日

_____工程

表 8007　避雷器安装单元工程质量验收评定表

单位工程名称			单元工程量	
分部工程名称			安装单位	
单元工程名称、部位			评定日期	
项目			检验结果	
外观	主控项目			
	一般项目			
安装	主控项目			
	一般项目			
电气试验及操作试验	主控项目			
安装单位自评意见	安装质量检验主控项目_____项,全部符合SL 638—2013质量要求;一般项目_____项,与SL 638—2013有微小出入的_____项,所占比率为_____%。质量要求操作试验或试运行符合SL 638—2013的要求,操作试验或试运行_____出现故障。 单元工程安装质量等级评定为:_____。 （签字,加盖公章）　　　年　月　日			
监理单位复核意见	安装质量检验主控项目_____项,全部符合SL 638—2013质量要求;一般项目_____项,与SL 638—2013有微小出入的_____项,所占比率为_____%。质量要求操作试验或试运行符合SL 638—2013的要求,操作试验或试运行_____出现故障。 单元工程安装质量等级评定为:_____。 （签字,加盖公章）　　　年　月　日			

表 8007.1 金属氧化物避雷器外观质量检查表

编号：_____

分部工程名称			单元工程名称	
安装内容				
安装单位			开/完工日期	

项次		检验项目	质量要求	检验结果	检验人（签字）
主控项目	1	外观	（1）密封完好，设备型号符合设计文件要求； （2）瓷质或硅橡胶外套外观光洁、完整、无裂纹； （3）金属法兰结合面平整，无外伤或铸造砂眼； （4）底座绝缘良好		
	2	安全装置	完整、无损		

检查意见：
    主控项目共_____项，其中符合 SL 638—2013 质量要求_____项。

安装单位 评定人	（签字） 年　月　日	监理工程师	（签字） 年　月　日

表 8007.2 金属氧化物避雷器安装质量检查表

编号：_____

分部工程名称				单元工程名称	
安装内容					
安装单位			开/完工日期		

项次		检验项目	质量要求	检验结果	检验人（签字）
主控项目	1	本体安装	（1）垂直度符合产品技术文件要求，绝缘底座安装应水平； （2）并列安装的避雷器三相中心在同一直线上，相间中心距离允许偏差为10 mm		
	2	接地	符合设计文件要求，接地引下线连接固定牢靠		
一般项目	1	连接	(1)连接螺栓齐全、紧固； (2)各连接处的金属接触表面平整、无氧化膜，并涂以薄层电力复合脂； (3)引线的连接不应使设备端子受到超过允许的承受应力		
	2	放电计数器	调至同一值		
	3	相色标志	清晰、正确		

检查意见：

主控项目共_____项，其中符合SL 638—2013质量要求_____项。

一般项目共_____项，其中符合SL 638—2013质量要求_____项，与SL 638—2013有微小出入_____项。

安装单位评定人		监理工程师	
	（签字） 年 月 日		（签字） 年 月 日

_____工程

表8007.3　金属氧化物避雷器电气试验质量检查表

编号：_____

分部工程名称				单元工程名称		
安装内容						
安装单位				开/完工日期		

项次		检验项目	质量要求	检验结果	检验人（签字）
主控项目	1	绝缘电阻	（1）电压等级1 kV以上用2 500 V兆欧表，绝缘电阻值不低于1 000 MΩ； （2）电压等级1 kV及以下用500 V兆欧表测量，绝缘电阻值不低于2 MΩ； （3）基座绝缘电阻值不低于5 MΩ		
	2	直流参考电压和0.75倍直流参考电压下的泄漏电流	0.75倍直流参考电压下的泄漏电流值不大于50 μA，或符合产品技术条件要求		
	3	工频参考电压和持续电流	应符合GB 50150的规定		
	4	工频放电电压	应符合GB 50150的规定		
	5	放电计数器	动作可靠		

检查意见：

主控项目共_____项，其中符合SL 638—2013质量要求_____项。

安装单位 评定人		监理工程师	
	（签字） 年　月　日		（签字） 年　月　日

表 8008   高压开关柜安装单元工程质量验收评定表

单位工程名称			单元工程量	
分部工程名称			安装单位	
单元工程名称、部位			评定日期	
项目			检验结果	
外观	主控项目			
	一般项目			
安装	主控项目			
	一般项目			
电气试验及操作试验	高压开关柜内断路器	主控项目		
	负荷开关			
	熔断器			
	隔离开关			
	接地开关			
	避雷器			
安装单位自评意见	安装质量检验主控项目_____项,全部符合SL 638—2013质量要求;一般项目_____项,与SL 638—2013有微小出入的_____项,所占比率为_____%。质量要求操作试验或试运行符合SL 638—2013的要求,操作试验或试运行_____出现故障。 单元工程安装质量等级评定为:_____。 (签字,加盖公章) 年 月 日			
监理单位复核意见	安装质量检验主控项目_____项,全部符合SL 638—2013质量要求;一般项目_____项,与SL 638—2013有微小出入的_____项,所占比率为_____%。质量要求操作试验或试运行符合SL 638—2013的要求,操作试验或试运行_____出现故障。 单元工程安装质量等级评定为:_____。 (签字,加盖公章) 年 月 日			

_____工程

表 8008.1 高压开关柜外观质量检查表

编号：_____

分部工程名称				单元工程名称		
安装内容						
安装单位				开/完工日期		
项次		检验项目	质量要求		检验结果	检验人(签字)
主控项目	1	柜内元件	(1)开关柜内断路器、负荷开关、熔断器、隔离开关、接地开关、避雷器等元件应符合SL 638—2013标准中同类电气设备质量标准； (2)柜内设备与各构件间连接牢固			
一般项目	1	外观	(1)开关柜间隔排列顺序符合设计文件要求； (2)开关柜无变形及受损，防腐完好			

检查意见：

主控项目共_____项，其中符合SL 638—2013质量要求_____项。

一般项目共_____项，其中符合SL 638—2013质量要求_____项，与SL 638—2013有微小出入_____项。

安装单位 评定人	(签字) 年 月 日	监理工程师	(签字) 年 月 日

_____工程

表 8008.2　高压开关柜安装质量检查表

编号：_____

分部工程名称			单元工程名称	
安装内容				
安装单位			开/完工日期	

项次		检验项目	质量要求	检验结果	检验人（签字）
主控项目	1	高压开关柜安装	（1）固定式高压开关柜紧固件完好、齐全、固定牢固； （2）手车推拉灵活、轻便，无卡阻、碰撞；具有相同额定值和结构的组件，具有互换性； （3）安全隔离板开启灵活，并应随手车的进出而相应动作； （4）手车推入工作位置后，动触头顶部与静触头底部的间隙，应符合产品技术文件要求		
	2	闭锁装置	（1）机械闭锁、电气闭锁动作正确、可靠； （2）开关柜"五防"功能符合产品技术文件要求		
	3	接地	（1）成列开关柜的接地母线，应有两处明显的与接地网可靠连接点； （2）金属柜门与接地的金属构架连接符合产品技术文件要求		
	4	二次回路及元件	（1）手车或抽屉的二次回路连接插件（插头与插座）应接触良好，并应有锁紧措施； （2）仪表、继电器等二次元件的防振措施应可靠； （3）信号和控制回]路应符合 GB 50171 的规定		
一般项目	1	基础安装	（1）型钢顶部标高符合产品技术文件要求，没有要求时宜高出抹平地面 10 mm； （2）基础型钢允许偏差应符合表 H-9 的规定		
	2	柜体安装	开关柜安装垂直度、水平偏差以及柜面偏差和柜间接缝的允许偏差应符合表 H-10 的规定		

检查意见：

主控项目共_____项，其中符合 SL 638—2013 质量要求_____项。

一般项目共_____项，其中符合 SL 638—2013 质量要求_____项，与 SL 638—2013 有微小出入_____项。

安装单位评定人	（签字） 年　月　日	监理工程师	（签字） 年　月　日

表 8008.3-1　六氟化硫(SF₆)断路器电气试验及操作试验质量检查表

编号:_____

分部工程名称			单元工程名称	
安装内容				
安装单位			开/完工日期	

项次		检验项目	质量要求	检验结果	检验人(签字)
主控项目	1	绝缘电阻	符合产品技术文件要求		
	2	导电回路电阻	符合产品技术文件要求		
	3	分、合闸线圈绝缘电阻及直流电阻	符合产品技术文件要求		
	4	操动机构试验	(1)位置指示器动作正确可靠,分、合位置指示与断路器实际分、合状态一致; (2)断路器及其操作机构的联动正常,无卡阻现象,辅助开关动作正确可靠		
	5	分、合闸时间,分、合闸速度,触头的分、合闸同期性及配合时间	应符合 GB 50150 的规定及产品技术文件要求		
	6	密度继电器、压力表和压力动作阀	压力显示正常,动作值符合产品技术文件要求		
	7	交流耐压试验	应符合 GB 50150 的规定,试验中耐受规定的试验电压而无破坏性放电现象		

检查意见:
　　主控项目共_____项,其中符合SL 638—2013质量要求_____项。

安装单位 评定人		监理工程师	
	(签字) 年　月　日		(签字) 年　月　日

_____工程

表 8008.3-2　真空断路器电气试验及操作试验质量检查表

编号：_____

分部工程名称				单元工程名称	
安装内容					
安装单位				开/完工日期	
项次		检验项目	质量要求	检验结果	检验人(签字)
主控项目	1	绝缘电阻	整体及绝缘拉杆绝缘电阻值应符合 GB 50150 的规定及产品技术文件要求		
	2	导电回路电阻	符合产品技术文件要求		
	3	分、合闸线圈及合闸接触器线圈的绝缘电阻和直流电阻	符合产品技术文件要求		
	4	操动机构试验	(1)位置指示器动作应正确可靠,分、合位置指示与设备实际分、合状态一致; (2)断路器及其操作机构的联动正常,无卡阻现象,辅助开关动作正确可靠		
	5	主触头分、合闸的时间,分、合闸的同期性,合闸时触头的弹跳时间	应符合 GB 50150 的规定		
	6	交流耐压试验	应符合 GB 50150 的规定		
	7	并联电阻、电容	符合产品技术文件要求		

检查意见：
　　主控项目共_____项,其中符合SL 638—2013质量要求_____项。

安装单位 评定人	(签字) 年　月　日	监理工程师	(签字) 年　月　日

_____工程

表 8008.3-3　隔离开关电气试验及操作试验质量检查表

编号：_____

分部工程名称				单元工程名称		
安装内容						
安装单位				开/完工日期		

项次		检验项目	质量要求	检验结果	检验人（签字）
主控项目	1	绝缘电阻	应符合 GB 50150 的规定及产品技术文件要求		
	2	导电回路电阻	符合产品技术文件要求		
	3	交流耐压试验	应符合 GB 50150 的规定		
	4	三相同期性	符合产品技术文件要求		
	5	操动机构线圈的最低动作电压值	符合产品技术文件要求		
	6	操动机构试验	(1)电动机及二次控制线圈和电磁闭锁装置在其额定电压的80%～110%范围内时,隔离开关主闸刀或接地闸刀分、合闸动作可靠； (2)机械或电气闭锁装置准确可靠		

检查意见：
　　主控项目共_____项,其中符合SL 638—2013质量要求_____项。

安装单位 评定人	（签字） 年　月　日	监理工程师	（签字） 年　月　日

_____工程

表 8008.3-4　负荷开关及高压熔断器电气试验及操作试验质量检查表

编号：_____

分部工程名称		单元工程名称	
安装内容			
安装单位		开/完工日期	

项次		检验项目	质量要求	检验结果	检验人(签字)
主控项目	1	绝缘电阻	应符合 GB 50150 的规定及产品技术文件要求		
	2	导电回路电阻	应符合 GB 50150 的规定及产品技术文件要求		
	3	交流耐压试验	应符合 GB 50150 的规定		
	4	三相同期性	负荷开关三相触头接触的同期性和分闸状态时,触头间净距及拉开角度符合产品技术文件要求		
	5	操动机构线圈最低动作电压	符合产品技术文件要求		
	6	操动机构试验	(1)电动机及二次控制线圈和电磁闭锁装置在其额定电压的 80%～110%范围内时,隔离开关主闸刀或接地闸刀分、合闸动作可靠; (2)机械或电气闭锁装置准确可靠		
	7	高压熔断器熔丝直流电阻	高压限流熔丝管熔丝的直流电阻值与同型产品相比无明显差别		

检查意见：

　　主控项目共_____项,其中符合SL 638—2013质量要求_____项。

安装单位 评定人		(签字) 年 月 日	监理工程师	(签字) 年 月 日

_____工程

表 8008.3-5　互感器电气试验质量检查表

编号：_____

分部工程名称			单元工程名称		
安装内容					
安装单位			开/完工日期		
项次	检验项目	质量要求		检验结果	检验人(签字)
主控项目	1	绕组绝缘电阻	应符合 GB 50150 的规定或产品技术文件要求		
	2	铁芯夹紧螺栓绝缘电阻	应符合 GB 50150 的规定或产品技术文件要求		
	3	接线组别和极性	应符合设计文件要求,与铭牌和标志相符		
	4	变比检查	符合设计文件要求及产品技术文件要求		
	5	交流耐压试验	应符合 GB 50150 的规定		
	6	绕组直流电阻	(1)电压互感器绕组直流电阻测量值与换算到同一温度下的出厂值比较,一次绕组相差不宜大于 10%,二次绕组相差不宜大于 15%; (2)同型号、同规格、同批次电流互感器一次、二次绕组的直流电阻测量值与其平均值的差异不宜大于 10%		
	7	励磁特性	(1)当继电保护对电流互感器的励磁特性有要求时,应进行励磁特性曲线试验,试验结果符合产品技术文件要求; (2)电压互感器励磁曲线测量应符合 GB 50150 的规定		
	8	误差	应符合 GB 50150 的规定或产品技术文件要求		

检查意见：

　　主控项目共_____项,其中符合SL 638—2013质量要求_____项。

安装单位 评定人	(签字) 年　月　日	监理工程师	(签字) 年　月　日

表 8008.3-6 电抗器电气试验质量检查表

编号：_____

分部工程名称			单元工程名称	
安装内容				
安装单位			开/完工日期	

项次		检验项目	质量要求	检验结果	检验人(签字)
主控项目	1	绕组连同套管的绝缘电阻、吸收比或极化指数	应符合 GB 50150 的规定		
	2	绕组连同套管的直流电阻	(1)测量应在各分接头的所有位置上进行,实测值与出厂值的变化规律一致; (2)三相绕组直流电阻值相互间差值不大于三相平均值的2%; (3)与同温下产品出厂值比较相应变化不大于2%		
	3	绕组连同套管的交流耐压试验	应符合 GB 50150 的规定		
	4	干式电抗器额定电压下冲击合闸试验	进行5次,每次间隔时间为5 min,无异常现象		

检查意见：
　　主控项目共_____项,其中符合SL 638—2013质量要求_____项。

安装单位 评定人	(签字) 　年　月　日	监理工程师	(签字) 　年　月　日

_____工程

表 8008.3-7 消弧线圈电气试验质量检查表

编号：_____

分部工程名称			单元工程名称	
安装内容				
安装单位			开/完工日期	

项次		检验项目	质量要求	检验结果	检验人（签字）
主控项目	1	绕组连同套管的绝缘电阻、吸收比或极化指数	应符合 GB 50150 的规定		
	2	绕组连同套管的直流电阻	(1) 测量应在各分接头的所有位置上进行，实测值与出厂值的变化规律一致； (2) 与同温下产品出厂值比较相应变化不大于 2%		
	3	与铁芯绝缘的各紧固件的绝缘电阻	应符合 GB 50150 的规定或产品技术条件文件要求		
	4	绕组连同套管的交流耐压试验	应符合 GB 50150 的规定		

检查意见：
　　主控项目共_____项，其中符合SL 638—2013质量要求_____项。

安装单位评定人	（签字） 　　年　月　日	监理工程师	（签字） 　　年　月　日

_____工程

表 8008.3-8　避雷器电气试验质量检查表

编号：_____

分部工程名称			单元工程名称	
安装内容				
安装单位			开/完工日期	

项次		检验项目	质量要求	检验结果	检验人(签字)
主控项目	1	绝缘电阻	（1）电压等级 1 kV 以上用 2 500 V 兆欧表,绝缘电阻值不低于 1 000 MΩ; （2）电压等级 1 kV 及以下用 500 V 兆欧表测量,绝缘电阻值不低于 2 MΩ; （3）基座绝缘电阻值不低于 5 MΩ		
	2	直流参考电压和 0.75 倍直流参考电压下的泄漏电流	0.75 倍直流参考电压下的泄漏电流值不大于 50 μA,或符合产品技术条件要求		
	3	工频参考电压和持续电流	应符合 GB 50150 的规定		
	4	工频放电电压	应符合 GB 50150 的规定		
	5	放电计数器	动作可靠		

检查意见：
　　主控项目共_____项,其中符合SL 638—2013质量要求_____项。

安装单位 评定人		监理工程师	
	（签字） 年　月　日		（签字） 年　月　日

·457·

表 8009 厂用变压器安装单元工程质量验收评定表

单位工程名称			单元工程量	
分部工程名称			安装单位	
单元工程名称、部位			评定日期	
项目			检验结果	
外观及器身	主控项目			
	一般项目			
干式变压器本体及附件	主控项目			
	一般项目			
油浸变压器本体及附件	主控项目			
	一般项目			
电气试验	主控项目			
安装单位自评意见	安装质量检验主控项目_____项,全部符合SL 638—2013质量要求;一般项目_____项,与SL 638—2013有微小出入的_____项,所占比率为_____%。质量要求操作试验或试运行符合SL 638—2013的要求,操作试验或试运行_____出现故障。 单元工程安装质量等级评定为:_____。 (签字,加盖公章)　　　　年　月　日			
监理单位复核意见	安装质量检验主控项目_____项,全部符合SL 638—2013质量要求;一般项目_____项,与SL 638—2013有微小出入的_____项,所占比率为_____%。质量要求操作试验或试运行符合SL 638—2013的要求,操作试验或试运行_____出现故障。 单元工程安装质量等级评定为:_____。 (签字,加盖公章)　　　　年　月　日			

表 8009.1 厂用变压器外观及器身质量检查表

编号:_____

分部工程名称			单元工程名称		
安装内容					
安装单位			开/完工日期		
项次	检验项目	质量要求	检验结果		检验人(签字)
主控项目	1 器身	(1)器身检查应符合 GB 50148 的规定或产品技术文件要求; (2)各部件无损伤、变形、无移动; (3)所有螺栓紧固并有防松措施;绝缘螺栓无损坏,防松绑扎完好; (4)油浸变压器箱体完好,无渗漏			
	2 铁芯	(1)外观无碰伤变形; (2)铁芯一点接地; (3)铁芯各紧固件紧固,无松动; (4)铁芯绝缘良好			
	3 绕组	(1)绕组接线表面无放电痕迹及裂纹; (2)各绕组线圈排列整齐,间隙均匀,油路畅通; (3)绕组压钉(或垫块)紧固,绝缘完好,防松螺母锁紧			
	4 引出线	(1)绝缘包扎紧固,无破损、拧弯; (2)固定牢固,绝缘距离符合设计文件要求; (3)裸露部分无毛刺或尖角,焊接良好; (4)与套管接线正确,连接牢固			

续表 8009.1

项次		检验项目	质量要求	检验结果	检验人(签字)
主控项目	5	调压切换装置	(1)无励磁调压切换装置各分接头与线圈连接紧固、正确,接点接触紧密、弹性良好,切换装置拉杆、分接头凸轮等完整无损,转动盘动作灵活、密封良好,指示器指示正确; (2)有载调压切换装置的分接开关、切换开关接触良好,位置显示一致,分接引线连接牢固、正确,切换开关部分密封良好		
一般项目	1	到货检查	(1)油箱及所有附件齐全,无锈蚀或机械损伤,密封良好; (2)各连接部位螺栓齐全,紧固良好; (3)套管包装完好,表面无裂纹、伤痕、充油套管无渗油现象,油位指示正常		
	2	外壳及附件	(1)铭牌及接线图标志齐全清晰; (2)附件齐全完好,绝缘子外观光滑,无裂纹		

检查意见:
主控项目共_____项,其中符合SL 638—2013质量要求_____项。
一般项目共_____项,其中符合SL 638—2013质量要求_____项,与SL 638—2013有微小出入_____项。

安装单位 评定人	(签字) 年 月 日	监理工程师	(签字) 年 月 日

_____工程

表 8009.2-1 厂用干式变压器本体及附件安装质量检查表

编号:_____

分部工程名称				单元工程名称		
安装内容						
安装单位				开/完工日期		
项次		检验项目	质量要求	检验结果		检验人(签字)
主控项目	1	铁芯	紧固件无松动,有且只有一点接地			
	2	绕组	接线牢固正确,表面无放电痕迹及裂纹			
	3	引出线	绝缘层无损伤、裂纹,裸露导体无毛刺尖角,防松件齐全、完好,引线支架固定牢固,无损伤			
	4	温控装置	指示正确,动作可靠			
	5	冷却风扇	电动机及叶片安装牢固、转向正确,无异常现象			
一般项目	1	相色标志	正确、清晰			
	2	接地	应符合 GB 50169 的规定或产品技术文件要求			

检查意见:

主控项目共_____项,其中符合SL 638—2013质量要求_____项。

一般项目共_____项,其中符合SL 638—2013质量要求_____项,与SL 638—2013有微小出入_____项。

安装单位评定人		监理工程师	
	(签字) 年 月 日		(签字) 年 月 日

表 8009.2-2　厂用油浸变压器本体及附件安装质量检查表

编号：_____

分部工程名称			单元工程名称	
安装内容				
安装单位			开/完工日期	

项次		检验项目	质量要求	检验结果	检验人（签字）
主控项目	1	本体就位	（1）安装位置符合设计文件要求； （2）本体与基础配合牢固； （3）若与封闭母线连接时，套管中心线与封闭母线中心线相符合		
	2	气体继电器	（1）经校验整定，动作整定值符合产品技术文件要求； （2）水平安装方向与产品标示一致，连通管升高坡度符合产品技术文件要求； （3）集气盒按产品技术文件要求充注变压器油并进行排气检查且密封严密，进线孔封堵严密； （4）观察窗挡板处于打开位置		
	3	安全气道	（1）内壁清洁干燥； （2）膜片完整、无变形		
	4	有载调压切换装置	（1）机构固定牢固，操作灵活； （2）切换开关触头及其连接线完整无损，接触良好； （3）切换装置工作顺序及切换时间符合产品技术文件要求，机械、电气联锁动作正确； （4）位置指示器动作正常、指示正确； （5）油箱密封良好，油的电气强度符合产品技术文件要求		

续表 8009.2-2

项次		检验项目	质量要求	检验结果	检验人(签字)
主控项目	5	注、排绝缘油	应符合 GB 50148 的规定或产品技术文件要求		
一般项目	1	储油柜及吸湿器	(1)储油柜清洁干净、安装方向正确; (2)油位表动作灵活,其指示与实际油位相符; (3)吸湿器与储油柜连接管密封良好,吸湿剂干燥,油封油位在油面线上		
	2	测温装置	(1)温度计安装前经校验整定,指示正确; (2)温度计座注绝缘油,且严密无渗油现象; (3)膨胀式温度计细金属软管不应压扁和急剧扭曲,弯曲半径不小于 50 mm		

检查意见:
    主控项目共_____项,其中符合SL 638—2013质量要求_____项。
    一般项目共_____项,其中符合SL 638—2013质量要求_____项,与SL 638—2013有微小出入_____项。

安装单位 评定人		监理工程师	
	(签字) 年 月 日		(签字) 年 月 日

_____工程

表 8009.3 厂用变压器电气试验质量检查表

编号：_____

分部工程名称				单元工程名称	
安装内容					
安装单位				开/完工日期	

项次		检验项目	质量要求	检验结果	检验人(签字)
主控项目	1	绕组连同套管一起的绝缘电阻、吸收比	绝缘电阻值不低于产品出厂试验值的70%		
	2	与铁芯绝缘的各紧固件及铁芯的绝缘电阻	持续1 min无闪烙及击穿现象		
	3	绕组连同套管的直流电阻	(1)容量等级为1 600 kVA及以下的三相变压器,各相差值小于平均值的4%;线间测值的相互差值应小于平均值的2%;1 600 kVA以上三相变压器,各相测值相互差值小于平均值的2%;线间测值相互差值应小于平均值的1%; (2)与同温下产品出厂实测值比较,相应变化不大于2%; (3)由于变压器结构等原因,差值超过第(1)项时,可只按第(2)项比较,并应说明原因		
	4	相位	相位正确		
	5	三相变压器的接线组别和单相变压器引出线极性	与设计要求及铭牌标记和外壳符号相符		

· 464 ·

_____工程

续表 8009.3

项次		检验项目	质量要求	检验结果	检验人(签字)
主控项目	6	所有分接头的电压比	与制造厂铭牌数据相比无明显差别,且符合变压比的规律,差值应符合 GB 50150 的规定		
	7	有载调压装置的检查试验	应符合 GB 50150 的规定		
	8	油浸式变压器绝缘油试验	应符合 GB 50150 的规定或产品技术文件要求		
	9	绕组连同套管的交流耐压试验	应符合 GB 50150 的规定		
	10	冲击合闸试验	应符合 GB 50150 的规定		

检查意见:
  主控项目共_____项,其中符合SL 638—2013质量要求_____项。

安装单位评定人	(签字) 年 月 日	监理工程师	(签字) 年 月 日

·465·

_____工程

表 8010　低压配电盘及低压电器安装单元工程质量验收评定表

单位工程名称			单元工程量	
分部工程名称			安装单位	
单元工程名称、部位			评定日期	
项目			检验结果	
基础及 本体安装		主控项目		
		一般项目		
配线及低 压电器安装		主控项目		
		一般项目		
电气试验		主控项目		
安装单位自评意见		安装质量检验主控项目_____项,全部符合 SL 638—2013 质量要求;一般项目_____项,与 SL 638—2013 有微小出入的_____项,所占比率为_____%。质量要求操作试验或试运行符合 SL 638—2013 的要求,操作试验或试运行_____出现故障。 　　单元工程安装质量等级评定为:_____。 　　　　　　　　　　　　　　　　　　(签字,加盖公章)　　　　年　月　日			
监理单位复核意见		安装质量检验主控项目_____项,全部符合 SL 638—2013 质量要求;一般项目_____项,与 SL 638—2013 有微小出入的_____项,所占比率为_____%。质量要求操作试验或试运行符合 SL 638—2013 的要求,操作试验或试运行_____出现故障。 　　单元工程安装质量等级评定为:_____。 　　　　　　　　　　　　　　　　　　(签字,加盖公章)　　　　年　月　日			

_____工程

表 8010.1　低压配电盘基础及本体安装质量检查表

编号：_____

分部工程名称				单元工程名称	
安装内容					
安装单位				开/完工日期	

项次		检验项目	质量要求	检验结果	检验人(签字)
主控项目	1	成套柜的安装	(1)机械闭锁、电气闭锁动作准确可靠； (2)动触头与静触头的中心线一致,触头接触紧密； (3)二次回路辅助开关的切换接点动作准确,接触可靠		
	2	抽屉式配电柜的安装	(1)抽屉推拉灵活轻便,无卡阻、碰撞现象； (2)抽屉的机械联锁或电气联锁装置动作正确可靠,断路器分闸后,隔离触头才能分开； (3)抽屉与柜体间的二次回路连接插件接触良好		
	3	手车式柜的安装	(1)手车推拉灵活轻便,无卡阻、碰撞现象；安全隔离板开启灵活； (2)手车推入工作位置后,动触头顶部与静触头底部的间隙符合产品技术文件要求； (3)手车和柜体间的二次回路连接插件接触良好； (4)手车与柜体间的接地触头接触紧密,当手车推入柜内时,其接地触头应比主触头先接触,拉出时接地触头比主触头后断开； (5)检查防止电气误操作的"五防"装置齐全,并动作灵活可靠		

续表 8010.1

项目		检验项目	质量要求	检验结果	检验人(签字)
主控项目	4	接地或接零	(1)抽屉与柜体间的接触及柜体框架的接地应良好; (2)基础型钢接地明显可靠,接地点数不少于2点; (3)低压配电开关柜接地母线(PE)和零母线(N)的隔离或连接、重复接地符合设计文件要求		
一般项目	1	基础安装	(1)符合设计文件要求,基础型钢允许偏差应符合标准表H-9的规定; (2)基础型钢顶部宜高出抹平地面10 mm;手车式成套柜按产品技术文件要求执行		
	2	柜体安装	(1)盘面及盘内清洁,无损伤,漆层完好,盘面标志齐全、正确清晰;紧固件完好、齐全; (2)开关柜安装垂直度、水平偏差以及柜面偏差和柜间接缝的允许偏差应符合表H-10的规定; (3)悬挂式动力配电箱箱体与地面及周围建筑物的距离符合设计文件要求,箱门开关灵活、门锁齐全; (4)落地式配电箱的底部宜抬高,室内应高出地面50 mm,室外应高出地面200 mm以上; (5)成套柜内照明齐全		

检查意见:

　　主控项目共＿＿＿＿＿项,其中符合SL 638—2013质量要求＿＿＿＿＿项。

　　一般项目共＿＿＿＿＿项,其中符合SL 638—2013质量要求＿＿＿＿＿项,与SL 638—2013有微小出入＿＿＿＿＿项。

安装单位 评定人	(签字) 　年　月　日	监理工程师	(签字) 　年　月　日

表 8010.2　低压配电盘配线及低压电器安装质量检查表

编号：_____

分部工程名称			单元工程名称	
安装内容				
安装单位			开/完工日期	

项次		检验项目	质量要求	检验结果	检验人(签字)
主控项目	1	硬母线及电缆	(1)母线及电缆排列整齐,有两个电源的动力配电箱,母线相位的排列应一致,电缆绝缘外观良好; (2)裸露母线的电气间隙不小于 12 mm,漏电距离不小于 20 mm; (3)硬母线连接螺栓齐全、紧固,紧固力矩应符合 GB 50149 的规定; (4)小母线截面符合设计文件要求,且标志齐全、清晰、正确; (5)母线相序排列、相色标志正确	—	
	2	二次回路接线	质量要求见表 8014.3①		
	3	低压电器安装	(1)低压断路器、低压隔离开关、刀开关、转换开关及熔断器组合电器、漏电保护器及消防电器设备、低压接触器及电动机启动器、控制器、继电器及行程开关、变频装置及电阻器、电磁铁、熔断器的安装符合 GB 50254 的规定及产品技术文件要求; (2)操作切换把手转动灵活,接点分合准确可靠,弹力充足; (3)熔断器熔体规格及自动开关、继电保护装置的整定值符合设计文件要求; (4)仪表经校验合格,安装位置正确,固定牢固,指示准确		

_____工程

续表 8010.2

项次		检验项目	质量要求	检验结果	检验人(签字)
主控项目	4	接地或接零	(1)电器的金属外壳,框架的接地或接零,应符合 GB 50169 的规定及设计文件要求		
一般项目	1	低压电器的安装	(1)电器外壳及玻璃片完好、无破裂; (2)信号灯、光字牌、按钮、电铃、电笛、事故电钟等动作和显示正确; (3)各电器安装位置正确,便于拆换,固定牢固;型号、规格应符合设计文件要求,外观应完好,且附件齐全,排列整齐,固定牢固,密封良好		
	2	引入线、柜内电缆配线	用于连接门上的电器可动部位的导线及引入盘、柜内的电缆及其芯线的安装应符合表8014.3 的规定		

检查意见:
　　主控项目共_____项,其中符合SL 638—2013质量要求_____项。
　　一般项目共_____项,其中符合SL 638—2013质量要求_____项,与SL 638—2013有微小出入_____项。

安装单位 评定人	(签字) 年　月　日	监理工程师	(签字) 年　月　日

注:本项检查按表 8014.3 的要求进行,将最终"检查意见"填入检验结果栏,同时将表8014.3 作为附表提交。

表 8010.3　低压配电盘及低压电器电气试验质量检查表

编号：_____

分部工程名称		单元工程名称	
安装内容			
安装单位		开/完工日期	

项次		检验项目	质量要求	检验结果	检验人(签字)
主控项目	1	绝缘电阻	(1)馈电线路大于 0.5 MΩ； (2)二次回路绝缘电阻值不小于 1 MΩ,比较潮湿的地方电阻值不小于 0.5 MΩ		
	2	交流耐压试验	(1)当回路绝缘电阻值大于 10 MΩ 时,用 2 500 V 兆欧表摇测 1 min,无闪络击穿现象；当回路绝缘电阻值在 1~10 MΩ 时,做 1 000 V 交流耐压试验,时间 1 min,无闪络击穿现象； (2)回路中的电子元件不应参加交流耐压试验,48 V 及以下电压等级配电装置不做交流耐压试验		
	3	电压线圈动作值校验	线圈吸合电压不大于额定电压 85%,释放电压不小于额定电压的 5%；短时工作的合闸线圈应在额定电压的 85%~110% 范围内,分励线圈应在额定电压的 75%~110% 范围内均能可靠工作		
	4	直流电阻	测量电阻器和变阻器的直流电阻值,其差值分别符合产品技术条件的规定,电阻值应满足回路使用的要求		
	5	相位	检查配电装置内不同电源的馈线间或馈线两侧的相位一致		

检查意见：
　　主控项目共_____项,其中符合SL 638—2013质量要求_____项。

安装单位 评定人	(签字) 年　月　日	监理工程师	(签字) 年　月　日

_____工程

表 8011　电缆线路安装单元工程质量验收评定表

单位工程名称			单元工程量	
分部工程名称			安装单位	
单元工程名称、部位			评定日期	
项目		检验结果		
电缆支架安装	主控项目			
	一般项目			
电缆管制作及敷设	主控项目			
	一般项目			
控制电缆敷设	主控项目			
	一般项目			
35 kV 以下电力电缆敷设	主控项目			
	一般项目			
35 kV 以下电力电缆电气试验	主控项目			
安装单位自评意见	安装质量检验主控项目_____项,全部符合SL 638—2013质量要求;一般项目_____项,与SL 638—2013有微小出入的_____项,所占比率为_____%。质量要求操作试验或试运行符合SL 638—2013的要求,操作试验或试运行_____出现故障。 单元工程安装质量等级评定为:_____。 　　　　　　　　　　　　　　　(签字,加盖公章)　　　年　月　日			
监理单位复核意见	安装质量检验主控项目_____项,全部符合SL 638—2013质量要求;一般项目_____项,与SL 638—2013有微小出入的_____项,所占比率为_____%。质量要求操作试验或试运行符合SL 638—2013的要求,操作试验或试运行_____出现故障。 单元工程安装质量等级评定为:_____。 　　　　　　　　　　　　　　　(签字,加盖公章)　　　年　月　日			

_____工程

表 8011.1 电缆支架安装质量检查表

编号:_____

分部工程名称				单元工程名称	
安装内容					
安装单位				开/完工日期	

项次		检验项目	质量要求	检验结果	检验人(签字)
主控项目	1	支架层间距离	符合设计文件要求,当无设计要求时,支架层间距离可采用表 H-14 的规定,且层间净距不小于 2 倍电缆外径加 10 mm		
	2	钢结构竖井	竖井垂直偏差小于其长度的 0.2%,对角线的偏差小于对角线长度的 0.5%;支架横撑的水平误差小于其宽度的 0.2%		
	3	接地	金属电缆支架全长均接地良好		
一般项目	1	电缆支架加工	(1)电缆支架平直,无明显扭曲,切口无卷边、毛刺; (2)支架焊接牢固,无变形,横撑间的垂直净距与设计偏差不大于 5 mm; (3)金属电缆支架防腐符合设计文件要求		
	2	电缆支架安装	(1)电缆支架安装牢固; (2)各支架的同层横档水平一致,高低偏差不大于 5 mm; (3)托架、支吊架沿桥架走向左右偏差不大于 10 mm; (4)支架与电缆沟或建筑物的坡度相同; (5)电缆支架最上层及最下层至沟顶、楼板或沟底、地面的距离符合设计文件要求,设计无要求时,应符合 GB 50168 的规定; (6)支架防火符合专项设计文件要求		

检查意见:
　　主控项目共_____项,其中符合SL 638—2013质量要求_____项。
　　一般项目共_____项,其中符合SL 638—2013质量要求_____项,与SL 638—2013有微小出入_____项。

安装单位 评定人	（签字） 年 月 日	监理工程师	（签字） 年 月 日

_____工程

表 8011.2 电缆管制作及敷设质量检查表

编号：_____

分部工程名称				单元工程名称	
安装内容					
安装单位				开/完工日期	
项次		检验项目	质量要求	检验结果	检验人（签字）
一般项目	1	弯管制作	（1）管口无毛刺和尖锐棱角；金属管内表面光滑、无毛刺；外表面无穿孔、裂缝，无显著的凹凸不平及锈蚀； （2）电缆管的弯曲半径与所穿电缆的弯曲半径应一致，每根管的弯头不超过3个，直角弯头不超过2个； （3）管子弯制后无裂纹或显著的凹瘪，其弯扁程度不宜大于管子外径的10%		
	2	敷设及连接	（1）固定牢固，并列敷设的电缆管管口高度、弯曲弧度一致，裸露的金属管防腐处理符合设计文件要求； （2）电缆管连接严密牢固，出入电缆沟、竖井、隧道、建筑、盘（柜）及穿入管子时，出入口封闭，管口密封； （3）敷设预埋管道过沉降缝或伸缩缝需做过缝处理； （4）与电缆管敷设相关的防火符合专项设计文件要求		

检查意见：

一般项目共_____项，其中符合SL 638—2013质量要求_____项，与SL 638—2013有微小出入_____项。

安装单位 评定人	（签字） 年 月 日	监理工程师	（签字） 年 月 日

_____工程

表 8011.3 控制电缆敷设质量检查表

编号：_____

分部工程名称				单元工程名称	
安装内容					
安装单位				开/完工日期	

项次		检验项目	质量要求	检验结果	检验人(签字)
主控项目	1	电缆头制作	(1)电缆芯线无损伤,芯线之间及芯线对地绝缘良好; (2)电缆头制作所用的材料应清洁干燥,绝缘良好; (3)制作工艺正确,包扎紧密、整齐、密封良好		
	2	防火设施	电缆防火设施安装符合设计文件要求		
一般项目	1	敷设路径	符合设计文件要求		
	2	电缆检查	(1)电缆无机械损伤,无中间接头; (2)电缆绝缘层无损伤,铠装电缆的铠装层不松散; (3)电缆绝缘良好,绝缘电阻符合表 H-15 的规定		
	3	厂房内、隧道、沟道内敷设	(1)铠装电缆防腐处理符合设计文件要求; (2)电缆排列整齐,无交叉叠压,电缆引出方向一致,备用长度一致,相互间距一致; (3)电缆最小弯曲半径不小于10D(D 为电缆外径)		
	4	管道内敷设	(1)管道内应清洁无杂物、积水,电缆进出管口密封; (2)裸铠装电缆与其他有外护层的电缆不应穿入同一管内		

续表8011.3

项次		检验项目	质量要求	检验结果	检验人(签字)
一般项目	5	直埋电缆敷设	(1)电缆埋置深度不小于0.7 m,电缆应有适量裕度; (2)电缆之间、电缆与其他管道或建筑物之间的最小净距应符合表H-16的规定;严禁电缆平行敷设于管道上下面; (3)直埋电缆的沿线方位标志或标桩牢固明显		
	6	电缆固定	(1)垂直敷设或超过45°倾斜敷设的电缆在每个支架上固定;水平敷设的电缆在电缆首末两端及转弯处固定; (2)电缆各固定支持点间的距离符合设计文件要求,无设计文件要求时,水平敷设时各支持点间距不大于800 mm,垂直敷设时各支持点间距不大于1 000 mm; (3)电缆固定牢固,裸铅包电缆固定处设有软衬垫保护		
	7	标志牌	电缆线路编号、型号、规格及起讫地点字迹清晰不易脱落,规格统一、挂装牢固		

检查意见:
主控项目共_____项,其中符合SL 638—2013质量要求_____项。
一般项目共_____项,其中符合SL 638—2013质量要求_____项,与SL 638—2013有微小出入_____项。

安装单位评定人	(签字) 年 月 日	监理工程师	(签字) 年 月 日

_____工程

表 8011.4   35 kV 以下电力电缆敷设质量检查表

编号:_____

分部工程名称		单元工程名称		
安装内容				
安装单位		开/完工日期		
项次	检验项目	质量要求	检验结果	检验人(签字)
主控项目 1	电缆敷设前检查	(1)电缆型号、电压、规格符合设计文件要求; (2)电缆外观完好,无机械损伤,电缆封端严密		
2	终端头和接头制作	(1)线芯绝缘无损伤,包绕绝缘层间无间隙和折皱; (2)连接线芯用的连接管和线鼻子规格与线芯相符,压接和焊接表面光滑、清洁且连接可靠; (3)直埋电缆接头盒的金属外壳及金属护套防腐符合设计文件要求; (4)电缆终端头和接头成型后密封良好、无渗漏,电缆两端终端头各相相位一致; (5)电缆终端头和接头的金属部件涂层完好、相色正确		
3	电缆支持点距离	全塑型电缆水平敷设时各支持点间距不大于400 mm,垂直敷设时各支持点间距不大于1 000 mm;其他电缆水平敷设时各支持点间距不大于800 mm,垂直敷设时各支持点间距不大于1500 mm,固定方式符合设计文件要求		
4	电缆最小弯曲半径	应符合标准表 H-17 的规定		
5	防火设施	电缆防火设施安装符合设计文件要求		
一般项目 1	敷设路径	符合设计文件要求		
2	直埋敷设	(1)直埋电缆表面距地面埋设深度不小于0.7 m; (2)电缆之间,电缆与其他管道、道路、建筑物等之间平行和交叉时的最小净距应符合 GB 50168 的规定; (3)电缆上、下部铺以不小于 100 mm 厚的软土或沙层,并加盖保护板,覆盖宽度超过电缆两侧各 50 mm; (4)直埋电缆在直线段每隔 50～100 m 处、电缆接头处、转弯处、进入建筑物等处,有明显的方位标志或标桩		

_____工程

续表 8011.4

项次		检验项目	质量要求	检验结果	检验人(签字)
一般项目	3	管道内敷设	(1)钢制保护管内敷设的交流单芯电缆,三相电缆应共穿一管; (2)管道内径符合设计文件要求,管内壁光滑、无毛刺; (3)保护管连接处平滑、严密、高低一致; (4)管道内部无积水,无杂物堵塞。穿入管中电缆的数量符合设计要求,保护层无损伤		
	4	沟槽内敷设	(1)槽底填砂厚度为槽深的1/3; (2)沟槽上盖板完整,接头标志完整、正确; (3)电缆与热力管道、热力设备之间的净距,平行时不小于1 m,交叉时不小于0.5 m; (4)交流单芯电缆排列方式符合设计文件要求		
	5	桥梁上敷设	(1)悬吊架设的电缆与桥梁架构之间的净距不小于0.5 m; (2)在经常受到振动的桥梁上敷设的电缆,有防振措施		
	6	电缆接头布置	(1)并列敷设的电缆,其接头的位置宜相互错开; (2)明敷电缆的接头托板托置固定牢靠; (3)直埋电缆接头应有防止机械损伤的保护结构或外设保护盒。位于冻土层内的保护盒,盒内宜注入沥青		
	7	电缆固定	(1)垂直敷设或超过45°倾斜敷设的电缆在每个支架上固定牢靠; (2)水平敷设的电缆,在电缆两端及转弯、电缆接头两端处固定牢靠; (3)单芯电缆的固定符合设计文件要求; (4)交流系统的单芯电缆或分相后的分相铅套电缆的固定夹具不构成闭合磁路		
	8	标志牌	电缆线路编号、型号、规格及起讫地点字迹清晰不易脱落,规格统一、挂装牢固		

检查意见:

主控项目共_____项,其中符合SL 638—2013质量要求_____项。

一般项目共_____项,其中符合SL 638—2013质量要求_____项,与SL 638—2013有微小出入_____项。

安装单位评定人	(签字) 年 月 日	监理工程师	(签字) 年 月 日

· 478 ·

_____工程

表 8011.5 35 kV 以下电力电缆电气试验质量检查表

编号：_____

分部工程名称			单元工程名称	
安装内容				
安装单位			开/完工日期	

项次		检验项目	质量要求	检验结果	检验人(签字)
主控项目	1	电缆线芯对地或对金属屏蔽层和各线芯间绝缘电阻	应符合 GB 50150 的规定		
	2	直流耐压试验及泄漏电流测量	应符合 GB 50150 的规定		
	3	交流耐压试验	橡塑电缆交流耐压试验标准应满足表 H-18 的规定		
	4	相位检测	两端相位一致并与电网相位相符合		
	5	交叉互联系统试验	应符合 GB 50150 的规定		

检查意见：

主控项目共_____项，其中符合SL 638—2013质量要求_____项。

安装单位评定人	(签字) 年 月 日	监理工程师	(签字) 年 月 日

_____工程

表 8012　金属封闭母线装置安装单元工程质量验收评定表

单位工程名称			单元工程量	
分部工程名称			安装单位	
单元工程名称、部位			评定日期	
项目			检验结果	
金属封闭母线装置外观及安装前检查	一般项目			
金属封闭母线装置安装	主控项目			
	一般项目			
金属封闭母线装置电气试验	主控项目			
安装单位自评意见	安装质量检验主控项目_____项,全部符合SL 638—2013质量要求;一般项目_____项,与SL 638—2013有微小出入的_____项,所占比率为_____%。质量要求操作试验或试运行符合SL 638—2013的要求,操作试验或试运行_____出现故障。 单元工程安装质量等级评定为:_____。 　　　　　　　　　　　　　(签字,加盖公章)　　　年　月　日			
监理单位复核意见	安装质量检验主控项目_____项,全部符合SL 638—2013质量要求;一般项目_____项,与SL 638—2013有微小出入的_____项,所占比率为_____%。质量要求操作试验或试运行符合SL 638—2013的要求,操作试验或试运行_____出现故障。 单元工程安装质量等级评定为:_____。 　　　　　　　　　　　　　(签字,加盖公章)　　　年　月　日			

_____工程

表 8012.1　金属封闭母线装置外观及安装前检查质量检查表

编号：_____

分部工程名称		单元工程名称	
安装内容			
安装单位		开/完工日期	

项次		检验项目	质量要求	检验结果	检验人（签字）
一般项目	1	外观	（1）母线表面应光洁平整,无裂纹、折叠、夹杂物及变形、扭曲等缺陷; （2）成套母线各段标志清晰,附件齐全,外壳无变形,内部无损伤;螺栓连接的母线搭接面应平整,镀层覆盖均匀、完好; （3）母线及金属构件涂漆均匀,无起层、皱皮等缺陷		
	2	安装前	（1）核对母线及其他连接设备的安装位置及尺寸; （2）外壳内部、母线表面、绝缘支撑件及金属表面洁净; （3）绝缘及工频耐压试验符合产品技术文件要求		

检查意见：
　　一般项目共_____项,其中符合SL 638—2013质量要求_____项,与SL 638—2013有微小出入_____项。

安装单位 评定人		监理工程师	
	（签字） 　　年　月　日		（签字） 　　年　月　日

_____工程

表 8012.2　金属封闭母线装置安装质量检查表

编号：_____

分部工程名称				单元工程名称	
安装内容					
安装单位				开/完工日期	

项次		检验项目	质量要求	检验结果	检验人(签字)
主控项目	1	母线调整	(1)离相封闭母线相邻两母线外壳的中心距离应符合设计文件要求,尺寸允许偏差为±5 mm; (2)母线与设备端子的连接距离应符合设计文件要求;采用伸缩节连接时,尺寸允许偏差为±10 mm; (3)外壳与设备端子罩法兰间的连接距离应符合设计文件要求;当采用橡胶伸缩套连接时,尺寸允许偏差为±10 mm; (4)母线导体或外壳采用对接焊口连接方式时,纵向尺寸允许偏差为±5 mm; (5)母线导体或外壳采用搭接焊连接方式时,纵向允许偏差为±15 mm; (6)离相封闭母线中的导体和外壳的同心度允许偏差为±5 mm; (7)外壳短路板安装符合产品技术文件要求		
	2	母线焊接	母线焊接采用气体保护焊,焊接接头直流电阻不大于规格尺寸均相同的原材料直流电阻的1.05倍。母线焊接应符合 GB 50149 的规定		
	3	母线螺栓连接	连接螺栓用力矩扳手紧固,紧固力矩值应符合 GB 50149 的规定		

续表 8012.2

项次		检验项目	质量要求	检验结果	检验人(签字)
主控项目	4	母线外壳及支持结构金属部分接地	(1)全连式离相封闭母线的外壳应一点或多点通过短路板接地,至少在其中一处短路板上有一个可靠的接地点; (2)不连式离相封闭母线的每一段外壳应有一点接地; (3)共箱封闭母线的外壳间应有可靠的电气连接,其中至少有一段外壳应可靠接地		
一般项目	1	母线吊装检查	无碰撞和擦伤		
	2	密封检查	(1)穿墙板与封闭母线外壳间密封符合设计文件要求; (2)微正压金属封闭母线安装后密封良好		
	3	母线与电气设备连接	母线与电气设备的装配及接线符合设计文件要求		

检查意见:
　　主控项目共_____项,其中符合SL 638—2013质量要求_____项。
　　一般项目共_____项,其中符合SL 638—2013质量要求_____项,与SL 638—2013有微小出入_____项。

安装单位 评定人	(签字) 　年　月　日	监理工程师	(签字) 　年　月　日

_____工程

表 8012.3　金属封闭母线装置电气试验质量检查表

编号：_____

分部工程名称				单元工程名称		
安装内容						
安装单位				开/完工日期		

项次		检验项目	质量要求	检验结果	检验人(签字)
主控项目	1	绝缘电阻	应符合 GB 50150 的规定及产品技术文件要求		
	2	相位检测	相位正确		
	3	交流耐压试验	应符合 GB 50150 的规定		

检查意见：
　　主控项目共_____项,其中符合SL 638—2013质量要求_____项。

安装单位 评定人	(签字) 年　月　日	监理工程师	(签字) 年　月　日

_____工程

表 8013　接地装置安装单元工程质量验收评定表

单位工程名称			单元工程量	
分部工程名称			安装单位	
单元工程名称、部位			评定日期	
项目			检验结果	
接地体安装	主控项目			
	一般项目			
接地装置的敷设连接	主控项目			
接地装置的接地阻抗测试	主控项目			
	一般项目			
安装单位自评意见	安装质量检验主控项目_____项,全部符合SL 638—2013质量要求;一般项目_____项,与SL 638—2013有微小出入的_____项,所占比率为_____%。质量要求操作试验或试运行符合SL 638—2013的要求,操作试验或试运行_____出现故障。 　　单元工程安装质量等级评定为:_____。 　　　　　　　　　　　　　　(签字,加盖公章)　　　　年 月 日			
监理单位复核意见	安装质量检验主控项目_____项,全部符合SL 638—2013质量要求;一般项目_____项,与SL 638—2013有微小出入的_____项,所占比率为_____%。质量要求操作试验或试运行符合SL 638—2013的要求,操作试验或试运行_____出现故障。 　　单元工程安装质量等级评定为:_____。 　　　　　　　　　　　　　　(签字,加盖公章)　　　　年 月 日			

_____工程

表 8013.1 接地体安装质量检查表

编号：_____

分部工程名称			单元工程名称	
安装内容				
安装单位			开/完工日期	

项次		检验项目	质量要求	检验结果	检验人(签字)
主控项目	1	自然接地体选择及人工接地体制作	(1)自然接地体选择符合设计文件要求，无要求时,应符合 GB 50169 的规定; (2)人工接地体制作材料及规格符合设计文件要求,无要求时,应符合 GB 50169 的规定		
	2	接地体埋设	(1)垂直接地体间距满足设计文件要求,无设计要求时间距不小于其长度 2 倍; (2)水平相邻两接地体间距满足设计文件要求,无设计要求时不宜小于 5 m; (3)顶面埋设深度符合设计文件要求,无要求时,不宜小于 0.6 m,角钢、钢管、钢棒等接地体应垂直配置。接地体引出线的垂直部分和接地装置连接(焊接)部位外侧100 mm范围内做防腐处理		
一般项目	1	接地体与建筑物间距离	接地体与建筑物间距离符合设计要求,无设计要求时大于 1.5 m		
	2	降阻剂	材料选择符合设计要求并符合同家现行技术标准,通过国家相应机构对降阻剂的检验测试,并有合格证件		

检查意见：
主控项目共_____项,其中符合SL 638—2013质量要求_____项。
一般项目共_____项,其中符合SL 638—2013质量要求_____项,与SL 638—2013有微小出入_____项。

安装单位评定人		监理工程师	
	(签字) 年 月 日		(签字) 年 月 日

_____工程

表 8013.2　接地装置敷设连接质量检查表

编号：_____

分部工程名称			单元工程名称	
安装内容				
安装单位			开/完工日期	

项次		检验项目	质量要求	检验结果	检验人(签字)
主控项目	1	接地体(线)连接	（1）接地体与接地体、接地体与接地干线连接，焊接后的接地线接头防腐等符合设计文件要求； （2）接地干线在不同的两点及以上与接地网相连接，自然接地体在不同的两点及以上与接地干线或接地网相连接； （3）接地体(线)采用搭接焊，扁钢搭接长度为其宽度的2倍，且至少有3个棱边焊牢；圆钢搭接长度为其直径的6倍；圆钢与扁钢焊接长度为圆钢直径的6倍； （4）接地体(线)为铜与铜或铜与钢的连接工艺采用热剂焊(放热焊接)时，熔接接头与被连接的导体完全包在接头里，热剂焊接头表面光滑，无贯穿性和气孔		
	2	明敷接地线安装	（1）安装位置合理，便于检查； （2）支持件间的距离，水平直线部分宜为0.5~1.5 m，垂直部分宜为1.5~3 m，转弯部分宜为0.3~0.5 m； （3）沿建筑物墙壁水平敷设的接地线与地面距离宜为250~300 mm，接地线与墙壁间隙宜为10~15 mm； （4）接地线跨越建筑物伸缩缝、沉降缝处时设置补偿器； （5）导体全长度或区间段及每个连接部位附近表面，涂以用15~100 mm宽度相等的绿色和黄色相间的条纹标识；当使用胶带时，应使用双色胶带；中性线涂淡蓝色标识； （6）在接地线引向建筑物的入口处和在检修用临时接地点处，均应刷白色底漆并标以黑色记号； （7）供临时接地线使用的接线板和螺栓符合设计文件要求		

_____工程

续表 8013.2

项次		检验项目	质量要求	检验结果	检验人(签字)
主控项目	3	避雷针(线、带、网)的接地	(1)避雷针(带)与引下线之间的连接应采用焊接或热剂焊; (2)避雷针(带)的引下线及接地装置使用的紧固件均使用镀锌制品; (3)独立避雷针的接地装置与接地网的地中距离不应小于3 m; (4)独立避雷针(线)应设置独立的集中接地装置。当有困难时,该接地装置可与接地网连接,但避雷针与主接地网的地下连接点至35 kV及以下设备与主接地网的地下连接点,沿接地体的长度不应小于15 m; (5)发电厂、变电站配电装置的构架或屋顶上的避雷针(含悬挂避雷线的构架)在其附近装设集中接地装置,并与主接地网连接		
	4	其他电气装置的接地	携带式和移动式电气设备的接地、输电线路杆塔的接地、调度楼和通信站等二次系统的接地、电力电缆终端金属保护层的接地、配电电气装置的接地、建筑物电气装置的接地应符合设计文件要求,无要求时,应符合GB 50169的规定		

检查意见:
 主控项目共_____项,其中符合SL 638—2013质量要求_____项。

安装单位 评定人	(签字) 年 月 日	监理工程师	(签字) 年 月 日

_____工程

表 8013.3　接地装置接地阻抗测试质量检查表

编号：_____

分部工程名称				单元工程名称		
安装内容						
安装单位				开/完工日期		
项次		检验项目	质量要求		检验结果	检验人（签字）
主控项目	1	有效接地系统	$Z \leq 2\,000/I$ 或 $Z \leq 0.50$（当 $I > 4\,000$ A 时）			
	2	非有效接地系统	（1）当接地网与 1 kV 及以下电压等级设备共用接地时，接地阻抗 $Z \leq 120/I$； （2）当接地网仅用于 1 kV 以上设备时，接地阻抗 $Z \leq 250/I$； （3）上述两种情况下，接地阻抗不宜大于 10 Ω			
	3	1 kV 以下电力设备	（1）当总容量不小于 100 kVA 时，接地阻抗不宜大于 4 Ω （2）当总容量小于 100 kVA 时，则接地阻抗允许大于 4 Ω 但不大于 10 Ω			
	4	独立避雷针	接地阻抗不宜大于 10 Ω			
一般项目	1	有架空地线线路杆塔	应符合 GB 50150 的规定			
	2	无架空地线线路杆塔	（1）非有效接地系统的钢筋混凝土杆、金属杆，接地阻抗不宜大于 30 Ω； （2）中性点不接地的低压电力网线路的钢筋混凝土杆、金属杆，接地阻抗不宜大于 50 Ω； （3）低压进户线绝缘子铁脚的接地阻抗，接地阻抗不宜大于 30 Ω			

检查意见：

主控项目共_____项，其中符合 SL 638—2013 质量要求_____项。

一般项目共_____项，其中符合 SL 638—2013 质量要求_____项，与 SL 638—2013 有微小出入_____项。

安装单位 评定人	（签字） 年　月　日	监理工程师	（签字） 年　月　日

注：I 为经接地装置流入地中的短路电流，A；Z 为考虑季节变化的最大接地阻抗，Ω。

表 8014 控制保护装置安装单元工程质量验收评定表

单位工程名称			单元工程量	
分部工程名称			安装单位	
单元工程名称、部位			评定日期	
项目		检验结果		
控制盘、柜安装	一般项目			
控制盘、柜电器安装	一般项目			
控制保护装置二次回路接线	主控项目			
	一般项目			
安装单位自评意见	安装质量检验主控项目_____项,全部符合SL 638—2013质量要求;一般项目_____项,与SL 638—2013有微小出入的_____项,所占比率为_____%。质量要求操作试验或试运行符合SL 638—2013的要求,操作试验或试运行_____出现故障。 单元工程安装质量等级评定为:_____。 (签字,加盖公章)　　　　　年　月　日			
监理单位复核意见	安装质量检验主控项目_____项,全部符合SL 638—2013质量要求;一般项目_____项,与SL 638—2013有微小出入的_____项,所占比率为_____%。质量要求操作试验或试运行符合SL 638—2013的要求,操作试验或试运行_____出现故障。 单元工程安装质量等级评定为:_____。 (签字,加盖公章)　　　　　年　月　日			

_____工程

表 8014.1　控制盘、柜安装质量检查表

编号：_____

分部工程名称			单元工程名称	
安装内容				
安装单位			开/完工日期	

项次		检验项目	质量要求	检验结果	检验人（签字）
一般项目	1	基础安装	（1）符合设计文件要求，允许偏差：应符合 SL 638—2013 表 11.2.2-2 的规定； （2）基础型钢接地明显可靠，接地点数应大于 2 点		
	2	盘、柜	（1）盘、柜单独或成列安装时，允许偏差符合表 SL 638—2013 表 11.2.2-3 的规定； （2）盘、柜本体与基础型钢宜采用螺栓连接，连接紧固；若采用焊接固定，每台柜体焊点不少于 4 处； （3）盘面清洁、漆层完好、标志齐全、正确、清晰； （4）柜门及门锁开关灵活，柜门密封良好； （5）同一接地网的各相邻设备接地线之间的直流电阻值不大于 0.20； （6）盘、柜接地牢固、可靠，盘、柜内接地铜排截面及与二次等电位接地网连接的导体截面不小于 50 mm²，连接宜采用压接方式；装有电器的可动门接地用软导线与柜体连接可靠		
	3	端子箱（板）安装	（1）端子箱安装牢固，密封良好，并安装在便于运行检查的位置，成列安装的端子箱排列整齐； （2）端子箱接地牢固、可靠，并经二次等电位接地网接地；端子箱内接地铜排截面及与二次等电位接地网连接的导体截面不小于 50 mm²，连接宜采用压接方式； （3）端子板安装牢固，端子板无损伤，绝缘及接地良好，每个端子每侧接线不得超过 2 根，接线紧固、排列整齐；回路电压值超过 400 V 者，端子板有足够的绝缘并涂以红色标志		

检查意见：
　　一般项目共_____项，其中符合SL 638—2013质量要求_____项，与SL 638—2013有微小出入_____项。

安装单位 评定人	（签字） 年　月　日	监理工程师	（签字） 年　月　日

工程

表 8014.2　控制盘、柜电器安装质量检查表

编号：＿＿＿＿＿＿＿＿

分部工程名称			单元工程名称		
安装内容					
安装单位			开/完工日期		
项次		检验项目	质量要求	检验结果	检验人（签字）
一般项目	1	电器元件	（1）元件完好、标志清楚、附件齐全,固定牢固,型号、规格符合设计文件要求； （2）继电保护装置检验合格,测量仪表校验合格； （3）信号装置显示准确、工作可靠； （4）电流试验端子及切换压板装置接触良好,相邻压板间距离满足安全操作要求； （5）操作切换把手动作灵活,接点动作正确； （6）熔断器规格、自动开关的整定值符合设计文件要求； （7）小母线安装平直、固定牢固,连接处接触良好,两侧标志牌齐全、标志清楚正确；小母线与带电金属体之间的电气间隙值不小于 12 mm； （8）盘上装有装置性设备或其他有接地要求的电器,其外壳可靠接地； （9）带有照明的盘、柜,内部照明完好		
	2	端子排	（1）端子排无损坏,固定牢固,绝缘良好； （2）端子排序号符合设计文件要求,端子排便于更换且接线方便；离地高度宜大于 350 mm； （3）强、弱电端子宜分开布置； （4）正、负电源之间以及经常带电的正电源与合闸或跳闸回路之间,宜以空端子隔开； （5）电流回路应经过试验端子,其他需断开的回路宜经特殊端子或试验端子。试验端子接触良好； （6）接线端子与导线截面匹配,潮湿环境宜采用防潮端子		
	3	控制保护系统时钟	系统时钟应采用全厂卫星对时系统时钟信号		

检查意见：

一般项目共＿＿＿＿＿项,其中符合SL 638—2013质量要求＿＿＿＿＿项,与SL 638—2013有微小出入＿＿＿＿＿项。

安装单位评定人			监理工程师	
	（签字） 年　月　日			（签字） 年　月　日

· 492 ·

_____工程

表 8014.3 控制保护装置二次回路接线质量检查表

编号：_____

分部工程名称			单元工程名称	
安装内容				
安装单位			开/完工日期	

项次		检验项目	质量要求	检验结果	检验人（签字）
主控项目	1	盘、柜内配线	电流回路采用电压值不低于 500 V 的铜芯绝缘导线，其截面不应小于 2.5 mm²；其他回路截面不小于 1.5 mm²；弱电回路在满足载流和电压降及机械强度的情况下，可采用不小于 0.5 mm² 截面的绝缘导线		
	2	回路绝缘电阻	（1）二次回路的每一支路的绝缘电阻值均不小于 1 MΩ；在较潮湿的地方，可不小于 0.5 MΩ； （2）小母线在断开所有其他并联支路时，不应小于 10 MΩ		
	3	回路交流耐压试验	试验电压为 1 000 V，当回路绝缘电阻值在 10 MΩ 以上，可采用 2 500 V 兆欧表代替，试验持续时间 1 min 或符合产品技术文件要求		
	4	回路接线	(1)接线正确，并符合设计文件要求； (2)导线与电气元件间连接牢固可靠； （3）盘、柜内导线不应有接头，芯线无损伤； （4）电缆芯线和所配导线的端部标明其回路编号或端子号，编号正确，字迹清晰且不易褪色； （5）配线整齐、清晰、美观，导线绝缘良好，无损伤； （6）每个接线端子的每侧接线宜为 1 根，不应超过 2 根。对于插接式端子，不同截面的两根导线不应接在同一端子上；对于螺栓连接端子，当接两根导线时，两根导线中间加平垫片		

· 493 ·

续表 8014.3

项次		检验项目	质量要求	检验结果	检验人（签字）
主控项目	5	接地	（1）二次回路接地及控制电缆金属屏蔽层应使用截面积不小于 4 mm² 多股铜线和盘柜接地铜排通过螺栓相连或符合设计文件要求； （2）二次回路接地应设专用螺栓； （3）二次回路经二次等电位接地网接地； （4）电流互感器、电压互感器二次回路有且仅有一点接地		
一般项目	1	用于连接门上的电器、控制台板等可动部位的导线	（1）采用多股软导线，敷设长度有适当裕度； （2）线束应有加强绝缘层外套； （3）导线与电器连接时，端部绞紧，并加终端附件或搪锡，无松散、断股； （4）可动部位两端设卡子固定		
	2	引入盘、柜内的电缆及其芯线	（1）引入盘、柜的电缆排列整齐，编号清晰，避免交叉，并固定牢固，不应使所接的端子排受到机械应力； （2）铠装电缆在进入盘、柜后，将钢带切断，切断处的端部扎紧，并将钢带接地； （3）保护、控制等逻辑回路的控制电缆屏蔽层按设计文件要求的接地方式接地； （4）橡胶绝缘的芯线应外套绝缘管保护； （5）盘、柜内的电缆芯线，按垂直或水平有规律配置，备用芯长度留有适当裕量； （6）强、弱电回路不应使用同一根电缆，并分别成束分开排列		

检查意见：

主控项目共_____项，其中符合SL 638—2013质量要求_____项。

一般项目共_____项，其中符合SL 638—2013质量要求_____项，与SL 638—2013有微小出入_____项。

安装单位 评定人	（签字） 年 月 日	监理工程师	（签字） 年 月 日

_____工程

表 8015　计算机监控系统安装单元工程质量验收评定表

单位工程名称			单元工程量	
分部工程名称			安装单位	
单元工程名称、部位			评定日期	
项目		检验结果		
计算机监控系统设备安装	主控项目			
	一般项目			
计算机监控系统盘、柜电器安装	一般项目			
计算机监控系统二次回路接线	主控项目			
	一般项目			
计算机监控系统模拟动作试验	主控项目			
	一般项目			
安装单位自评意见	安装质量检验主控项目_____项,全部符合SL 638—2013质量要求;一般项目_____项,与SL 638—2013有微小出入的_____项,所占比率为_____%。质量要求操作试验或试运行符合SL 638—2013的要求,操作试验或试运行_____出现故障。 单元工程安装质量等级评定为:_____。 　　　　　　　　　　　　　　　　　　(签字,加盖公章)　　　　年　月　日			
监理单位复核意见	安装质量检验主控项目_____项,全部符合SL 638—2013质量要求;一般项目_____项,与SL 638—2013有微小出入的_____项,所占比率为_____%。质量要求操作试验或试运行符合SL 638—2013的要求,操作试验或试运行_____出现故障。 单元工程安装质量等级评定为:_____。 　　　　　　　　　　　　　　　　　　(签字,加盖公章)　　　　年　月　日			

_____工程

表 8015.1　计算机监控系统设备安装质量检查表

编号：_____

分部工程名称				单元工程名称		
安装内容						
安装单位				开/完工日期		
项次		检验项目	质量要求		检验结果	检验人(签字)
1	主控项目	设备安装	(1)符合设计文件要求,允许偏差: 　不直度<1 mm/ m,<5 mm/全长 　水平度<1 mm/ m,<5 mm/全长 　位置偏差及不平行度<5 mm/全长 (2)基础型钢接地明显可靠,接地点应大于2处			
		盘柜安装	(1)盘柜安装允许偏差: 　相邻两盘顶部水平偏差<2 mm 　成列盘顶部水平偏差<2 mm 　相邻两盘边,盘间偏差<1 mm 　成列盘面,盘间偏差<5 mm 　盘间接缝<2 mm 　垂直度<1.5 mm/ m (2)盘柜本体与基础型钢宜采用螺栓连接,连接紧固;若采用焊接固定,每台柜体焊点不少于4处; 　盘面清洁,漆层完好,标志齐全、正确、清晰; 　柜门及门锁开关灵活,柜门密封良好; 　同一接地网的各相邻设备接地线之间的直流电阻值不大于0.2 Ω; 　盘柜接地牢固、可靠;盘柜内接地铜排截面及二次等电位接地网连接的导体截面不少于50 mm², 连接宜采用压接方式。装有电器的可动门接地用软导线与柜体连接可靠			
2		接地	(1)二次回路接地及控制电缆金属屏蔽层应使用截面积不小于4 mm²多股铜线和盘柜接地铜排通过螺栓相连或符合设计文件要求; (2)二次回路接地应设专用螺栓; (3)二次回路经二次等电位接地网接地; (4)电流互感器、电压互感器二次回路有且仅有一点接地			
3		监控系统时钟	(1)监控系统时钟应采用全厂卫星对时系统时钟信号; (2)全厂卫星对时系统应符合设计文件要求			

续表 **8015.1**

项次	检验项目	质量要求	检验结果	检验人(签字)
一般项目	1	安装前产品外观检查	(1)产品表面无明显的凹痕,划伤、裂痕、变形和污染等。表面涂镀层均匀,无起泡、龟裂、脱落和磨损; (2)金属部件无松动及其他机械损伤。内部元器件安装及内部连线正确牢固,无松动; (3)键盘开关按钮和其他控制部件操作灵活可靠,接线端子布置及内部布线合理美观、标志清晰		
	2	站控级设备的布置、摆放	(1)布置在中控室和机房内的计算机控制台、计算机工作台、打印机、工作台及各种工作站、服务器、计算机及外围设备等,摆放整齐、美观、与周围环境和谐,并便于运行人员工作; (2)各种工作站、服务器、计算机及外围设备外观完好;键盘、鼠标、开关、按钮和各种控制部件的操作灵活可靠		

检查意见:

主控项目共＿＿＿＿＿项,其中符合SL 638—2013质量要求＿＿＿＿＿项。

一般项目共＿＿＿＿＿项,其中符合SL 638—2013质量要求＿＿＿＿＿项,与SL 638—2013有微小出入＿＿＿＿＿项。

安装单位评定人	(签字) 年 月 日	监理工程师	(签字) 年 月 日

表 8015.2 计算机监控系统盘、柜电器安装质量检查表

编号:_____

分部工程名称				单元工程名称		
安装内容						
安装单位				开/完工日期		

项次		检验项目	质量要求	检验结果	检验人(签字)
一般项目	1	电器元件	(1)元件完好、标志清楚、附件齐全,固定牢固,型号、规格符合设计文件要求; (2)继电保护装置检验合格,测量仪表校验合格; (3)信号装置显示准确、工作可靠; (4)电流试验端子及切换压板装置接触良好,相邻压板间距离满足安全操作要求; (5)操作切换把手动作灵活,接点动作正确; (6)熔断器规格、自动开关的整定值符合设计文件要求; (7)小母线安装平直、固定牢固,连接处接触良好,两侧标志牌齐全、标志清楚正确;小母线与带电金属体之间的电气间隙值不小于12 mm; (8)盘上装有装置性设备或其他有接地要求的电器,其外壳可靠接地; (9)带有照明的盘、柜,内部照明完好		
	2	端子排	(1)端子排无损坏,固定牢固, (2)端子排序号符合设计文件要求,端子排便于更换且接线方便;离地高度宜大于350 mm; (3)强、弱电端子宜分开布置; (4)正、负电源之间以及经常带电的正电源与合闸或跳闸回路之间,宜以空端子隔开; (5)电流回路应经过试验端子,其他需断开的回路宜经特殊端子或试验端子。试验端子接触良好; (6)接线端子与导线截面匹配,潮湿环境宜采用防潮端子		
	3	控制保护系统时钟	系统时钟应采用全厂卫星对时系统时钟信号		

检查意见:
　　一般项目共_____项,其中符合SL 638—2013质量要求_____项,与SL 638—2013有微小出入_____项。

安装单位 评定人		监理工程师	
	(签字) 年　月　日		(签字) 年　月　日

_____工程

表 8015.3　计算机监控系统二次回路接线质量检查表

编号：_____

分部工程名称		单元工程名称		
安装内容				
安装单位		开/完工日期		
项次	检验项目	质量要求	检验结果	检验人(签字)
1	盘、柜内配线	电流回路采用电压值不低于 500 V 的铜芯绝缘导线,其截面不应小于 2.5 mm²;电压及其他回路截面不小于 1.5 mm²;弱电回路在满足载流 M 和电压降及机械强度的情况下,可采用不小于 0.5 mm² 截面的绝缘导线		
2	回路绝缘电阻	(1)二次回路的每一支路的绝缘电阻值均不小于 1 MΩ;在较潮湿的地方,可不小于 0.5 MΩ; (2)小母线在断开所有其他并联支路时,不应小于 10 MΩ		
3	回路交流耐压试验	试验电压为 1 000 V,当回路绝缘电阻值在 10 MΩ 以上,可采用 2 500 V 兆欧表代替,试验持续时间 1 min 或符合产品技术文件要求		
4 (主控项目)	回路接线	(1)接线正确,并符合设计文件要求; (2)导线与电气元件间连接牢固可靠; (3)盘、柜内导线不应有接头,芯线无损伤; (4)电缆芯线和所配导线的端部标明其回路编号或端子号,编号正确,字迹清晰且不易褪色; (5)配线整齐、清晰、美观,导线绝缘良好,无损伤; (6)每个接线端子的每侧接线宜为 1 根,不应超过 2 根;对于插接式端子,不同截面的 2 根导线不应接在同一端子上;对于螺栓连接端子,当接 2 根导线时,两根导线中间加平垫片		
5	接地	(1)二次回路接地及控制电缆金属屏蔽层应使用截面积不小于 4 mm² 多股铜线和盘柜接地铜排通过螺栓相连或符合设计文件要求; (2)二次回路接地应设专用螺栓; (3)二次回路经二次等电位接地网接地; (4)电流互感器、电压互感器二次回路有且仅有一点接地		

续表 8015.3

项次		检验项目	质量要求	检验结果	检验人（签字）
一般项目	1	用于连接门上的电器、控制台板等可动部位的导线	（1）采用多股软导线,敷设长度有适当裕度; （2）线束应有加强绝缘层外套; （3）导线与电器连接时,端部绞紧,并加终端附件或搪锡,无松散、断股; （4）可动部位两端设卡子固定		
	2	引入盘、柜内的电缆及其芯线	（1）引入盘、柜的电缆排列整齐,编号清晰,避免交叉,并固定牢固,不应使所接的端子排受到机械应力; （2）铠装电缆在进入盘、柜后,将钢带切断,切断处的端部扎紧,并将钢带接地; （3）保护、控制等逻辑回路的控制电缆屏蔽层按设计文件要求的接地方式接地; （4）橡胶绝缘的芯线应外套绝缘管保护; （5）盘、柜内的电缆芯线,按垂直或水平有规律配置.备用芯长度留有适当裕量; （6）强、弱电回路不应使用同一根电缆,并分别成束分开排列		

检查意见：
　　主控项目共＿＿＿＿＿项,其中符合SL 638—2013质量要求＿＿＿＿＿项。
　　一般项目共＿＿＿＿＿项,其中符合SL 638—2013质量要求＿＿＿＿项,与SL 638—2013有微小出入＿＿＿＿项。

安装单位 评定人	（签字） 年　月　日	监理工程师	（签字） 年　月　日

_____工程

表8015.4 计算机监控系统模拟动作试验质量检查表

编号:_____

分部工程名称			单元工程名称		
安装内容					
安装单位			开/完工日期		
项次		检验项目	质量要求	检验结果	检验人(签字)
主控项目	1	模拟量数据采集与处理功能测试	模拟量显示、登录及越、复限记录正确,其越、复限报警值,登录及人机接口显示内容符合产品技术文件要求		
	2	数字量数据采集与处理功能测试	数字量数据采集与处理功能正确,符合产品技术文件要求		
	3	计算量数据采集与处理功能测试	计算量数据采集与处理功能正确,符合产品技术文件要求		
	4	数据输出通道测试	(1)数字量输出通道测试正确,并与实际设置一致; (2)模拟量输出通道测试正确,模拟量输出精度符合产品技术文件要求		
	5	控制功能测试	各种控制功能符合产品技术文件要求,且最终的控制流程及设置的有关参数与现场设备要求一致		
	6	功率调节功能测试	(1)有功功率调节品质满足运行要求,并应在不同水头时重复该试验,以确定多种水头下对应的最佳有功功率调节参数; (2)无功功率调节品质应满足运行要求		
	7	系统时钟及不同现地控制单元(LCU)之间的事件分辨率测试	(1)系统各人机接口设备时钟与全厂卫星对时系统时钟一致; (2)不同现地控制单元(LCU)之间的事件分辨率符合产品技术文件要求		

续表 8015.4

项次		检验项目	质量要求	检验结果	检验人(签字)
主控项目	8	应用软件编辑功能测试	根据规定对受检产品的应用软件编辑功能(如各种画面、测点、定义、表格、控制流程的修改、增删等)进行测试符合产品技术文件要求		
	9	系统自诊断及自恢复功能测试	(1)系统加电或重新启动,系统正常启动; (2)系统自恢复功能正常; (3)报警和记录正确; (4)热备冗余配置设备的备用设备工作正常; (5)主、备设备切换正常,符合产品技术文件要求		
	10	实时性性能指标检查及测试	(1)模拟量输入信号突变到画面上数据显示改变时间测试(在模拟量输入信号突变条件下进行)符合产品技术文件要求; (2)数字量输入变位到画面上画块或数据显示改变或发出报警信息音响的时间测试符合产品技术文件要求; (3)控制命令发出到画面响应时间符合产品技术文件要求;命令发出到现地控制单元(LCU)开始执行控制输出时间符合产品技术文件要求; (4)人机接口响应时间测试符合产品技术文件要求; (5)双机切换时间符合产品技术文件要求,切换过程中不应出错或出现死机		
	11	CPU 负荷率、内存占有率、磁盘使用率等性能指标	性能指标符合产品技术文件要求		
	12	自动发电控制(AGC)功能测试	(1)"厂站"方式下 AGC 功能测试符合产品技术文件要求; (2)"调度"方式下 AGC 功能测试符合产品技术文件要求; (3)人机接口功能测试符合产品技术文件要求; (4)各种控制方式下 AGC 运算结果正确; (5)AGC 的各种约束条件测试符合产品技术文件要求; (6)AGC 的各种保护功能测试符合产品技术文件要求		

续表 8015.4

项次		检验项目	质量要求	检验结果	检验人(签字)
主控项目	13	自动电压控制(AVC)功能测试	(1)"厂站"方式下 AVC 功能测试符合产品技术文件要求; (2)"调度"方式下 AVC 功能测试符合产品技术文件要求; (3)人机接口功能测试符合产品技术文件要求; (4)各种控制方式下 AVC 运算结果正确; (5)AVC 的各种约束条件测试符合产品技术文件要求; (6)AVC 的各种保护功能测试符合产品技术文件要求		
一般项目	1	外部通信功能	与各级调度及其他外部系统和设备(如与水情、厂内信息管理系统及保护、自动装置、智能仪表等)的通信功能进行测试,符合产品技术文件要求。对具有冗余配置的通道,通道切换正常		
	2	其他功能	电厂设备运行管理及指导功能、数据处理功能、合同中规定的其他功能。 其测试结果符合产品技术文件要求和合同要求		

检查意见:

主控项目共＿＿＿＿＿项,其中符合SL 638—2013质量要求＿＿＿＿＿项。

一般项目共＿＿＿＿＿项,其中符合SL 638—2013质量要求＿＿＿＿＿项,与SL 638—2013有微小出入＿＿＿＿＿项。

安装单位 评定人	(签字) 年 月 日	监理工程师	(签字) 年 月 日

表 8016　直流系统安装单元工程质量验收评定表

单位工程名称			单元工程量	
分部工程名称			安装单位	
单元工程名称、部位			评定日期	
项目			检验结果	
直流系统盘、柜安装	一般项目			
直流系统盘、柜电器安装	一般项目			
直流系统二次回路接线	主控项目			
	一般项目			
蓄电池安装前检查	一般项目			
蓄电池安装	一般项目			
蓄电池充放电	主控项目			
不间断电源装置（UPS）试验及试运行	主控项目			
	一般项目			
高频开关充电装置试验及试运行	主控项目			
	一般项目			
安装单位自评意见	安装质量检验主控项目＿＿＿＿项,全部符合SL 638—2013质量要求;一般项目＿＿＿＿项,与SL 638—2013有微小出入的＿＿＿＿项,所占比率为＿＿＿＿%。质量要求操作试验或试运行符合SL 638—2013的要求,操作试验或试运行＿＿＿＿出现故障。 　　单元工程安装质量等级评定为:＿＿＿＿＿＿＿。 　　　　　　　　　　　　　　（签字,加盖公章）　　　年　月　日			
监理单位复核意见	安装质量检验主控项目＿＿＿＿项,全部符合SL 638—2013质量要求;一般项目＿＿＿＿项,与SL 638—2013有微小出入的＿＿＿＿项,所占比率为＿＿＿＿%。质量要求操作试验或试运行符合SL 638—2013的要求,操作试验或试运行＿＿＿＿出现故障。 　　单元工程安装质量等级评定为:＿＿＿＿＿＿＿。 　　　　　　　　　　　　　　（签字,加盖公章）　　　年　月　日			

_____工程

表 8016.1　直流系统盘、柜安装质量检查表

编号：_____

分部工程名称			单元工程名称	
安装内容				
安装单位			开/完工日期	

项次		检验项目	质量要求	检验结果	检验人（签字）
主控项目	1	基础安装	（1）符合设计文件要求，允许偏差应符合 SL 638—2013 表11.2.2-2 的规定； （2）基础型钢接地明显可靠，接地点数应大于 2		
	2	盘、柜	（1）盘、柜单独或成列安装时允许偏差应符合 SL 638—2013 表11.2.2-3 的规定； （2）盘、柜本体与基础型钢宜采用螺栓连接，连接紧固；若采用焊接固定，每台柜体焊点不少于 4 处； （3）盘面清洁、漆层完好，标志齐全、正确、清晰； （4）柜门及门锁开关灵活，柜门密封良好； （5）同一接地网的各相邻设备接地线之间的直流电阻值不大于 0.2 Ω； （6）盘、柜接地牢固、可靠；盘、柜内接地铜排截面及与二次等电位接地网连接的导体截面不小于 50 mm²，连接宜采用压接方式。装有电器的可动门接地用软导线与柜体连接可靠		
	3	端子箱（板）安装	（1）端子箱安装牢固，密封良好，并安装在便于运行检查的位置，成列安装的端子箱排列整齐； （2）端子箱接地牢固、可靠，并经二次等电位接地网接地；端子箱内接地铜排截面及与二次等电位接地网连接的导体截面不小于 50 mm²，连接宜采用压接方式； （3）端子板安装牢固，端子板无损伤，绝缘及接地良好，每个端子每侧接线不应超过 2 根，接线紧固、排列整齐。回路电压值超过 400 V 者，端子板有足够的绝缘并涂以红色标志		

检查意见：

　　主控项目共_____项，其中符合SL 638—2013质量要求_____项，与SL 638—2013有微小出入_____项。

安装单位评定人	（签字） 年　月　日	监理工程师		（签字） 年　月　日

表8016.2 直流系统盘、柜安装质量检查表

编号：_____

分部工程名称			单元工程名称		
安装内容					
安装单位			开/完工日期		
项次		检验项目	质量要求	检验结果	检验人（签字）
一般项目	1	电器元件	（1）元件完好、标志清楚、附件齐全,固定牢固,型号、规格符合设计文件要求； （2）继电保护装置检验合格,测量仪表校验合格； （3）信号装置显示准确、工作可靠； （4）电流试验端子及切换压板装置接触良好,相邻压板间距离满足安全操作要求； （5）操作切换把手动作灵活,接点动作正确； （6）熔断器规格、自动开关的整定值符合设计文件要求； （7）小母线安装平直、固定牢固,连接处接触良好,两侧标志牌齐全,标志清楚正确；小母线与带电金属体之间的电气间隙值不小于12 mm； （8）盘上装有装置性设备或其他有接地要求的电器,其外壳可靠接地； （9）带有照明的盘、柜,内部照明完好		
	2	端子排	（1）端子排无损坏,固定牢固,绝缘良好； （2）端子排序号符合设计文件要求,端子排便于更换且接线方便；离地高度宜大于350 mm； （3）强、弱电端子宜分开布置； （4）正、负电源之间以及经常带电的正电源与合闸或跳闸回路之间,宜以空端子隔开； （5）电流回路应经过试验端子,其他需断开的回路宜经特殊端子或试验端子；试验端子接触良好； （6）接线端子与导线截面匹配,潮湿环境宜采用防潮端子		
	3	控制保护系统时钟	系统时钟应采用全厂卫星对时系统时钟信号		

检查意见：

　　一般项目共_____项,其中符合SL 638—2013质量要求_____项,与SL 638—2013有微小出入_____项。

安装单位 评定人	（签字） 年　月　日	监理工程师	（签字） 年　月　日

表 8016.3　直流系统二次回路接线质量检查表

编号:＿＿＿＿＿＿

分部工程名称			单元工程名称		
安装内容					
安装单位			开/完工日期		

项次		检验项目	质量要求	检验结果	检验人(签字)
主控项目	1	盘、柜内配线	电流回路采用电压值不低于 500 V 的铜芯绝缘导线,其截面不应小于 2.5 mm²;电压及其他回路截面不小于 1.5 mm²;弱电回路在满足载流量和电压降及机械强度的情况下,可采用不小于 0.5 mm² 截面的绝缘导线		
	2	回路绝缘电阻	(1)二次回路的每一支路的绝缘电阻值均不小于 1 MΩ;在较潮湿的地方,可不小于 0.5 MΩ; (2)小母线在断开所有其他并联支路时,不应小于 10 MΩ		
	3	回路交流耐压试验	试验电压为 1 000 V,当回路绝缘电阻值在 10 MΩ 以上,可采用 2 500 V 兆欧表代替,试验持续时间 1 min 或符合产品技术文件要求		
	4	回路接线	(1)接线正确,并符合设计文件要求; (2)导线与电气元件间连接牢固可靠; (3)盘、柜内导线不应有接头,芯线无损伤; (4)电缆芯线和所配导线的端部标明其回路编号或端子号,编号正确,字迹清晰且不易褪色; (5)配线整齐、清晰、美观,导线绝缘良好,无损伤; (6)每个接线端子的每侧接线宜为 1 根,不应超过 2 根;对于插接式端子,不同截面的两根导线不应接在同一端子上;对于螺栓连接端子,当接两根导线时,两根导线中间加平垫片		

续表 8016.3

项次		检验项目	质量要求	检验结果	检验人(签字)
主控项目	5	接地	(1)二次回路接地及控制电缆金属屏蔽层应使用截面积不小于4 mm²多股铜线和盘、柜接地铜排通过螺栓相连或符合设计文件要求; (2)二次回路接地应设专用螺栓; (3)二次回路经二次等电位接地网接地; (4)电流互感器、电压互感器二次回路有且仅有一点接地		
一般项目	1	用于连接门上的电器、控制台板等可动部位的导线	(1)采用多股软导线,敷设长度有适当裕度; (2)线束应有加强绝缘层外套; (3)导线与电器连接时,端部绞紧,并加终端附件或搪锡,无松散、断股; (4)可动部位两端设卡子固定		
	2	引入盘、柜内的电缆及其芯线	(1)引入盘、柜的电缆排列整齐,编号清晰,避免交叉,并固定牢固,不应使所接的端子排受到机械应力; (2)铠装电缆在进入盘、柜后,将钢带切断,切断处的端部扎紧,并将钢带接地; (3)保护、控制等逻辑回路的控制电缆屏蔽层按设计文件要求的接地方式接地; (4)橡胶绝缘的芯线应外套绝缘管保护; (5)盘、柜内的电缆芯线,按垂直或水平有规律配置,备用芯长度留有适当裕量; (6)强、弱电回路不应使用同一根电缆,并分别成束分开排列		

检查意见:

主控项目共_____项,其中符合SL 638—2013质量要求_____项。

一般项目共_____项,其中符合SL 638—2013质量要求_____项,与SL 638—2013有微小出入_____项。

安装单位 评定人		监理工程师	
	(签字) 年　月　日		(签字) 年　月　日

表 8016.4　蓄电池安装前质量检查表

编号：_____

分部工程名称				单元工程名称	
安装内容					
安装单位				开/完工日期	

项次		检验项目	质量要求	检验结果	检验人(签字)
一般项目	1	安装前检查	(1)阀控蓄电池壳体无渗漏和变形；极柱、连接条、安全阀等部件齐全、无损伤；极性正确,正负极及端子有明显标志； (2)防酸蓄电池槽无裂纹,槽盖密封良好,接线端柱无变形、极性正确；防酸栓、催化栓、连接条等部件齐全无损伤；滤气帽通气性能良好；透明的蓄电池槽内极板无严重受潮变形；槽内部件齐全无损伤		

检查意见：
　　一般项目共_____项,其中符合SL 638—2013质量要求_____项,与SL 638—2013有微小出入_____项。

安装单位 评定人		监理工程师	
	(签字) 年　月　日		(签字) 年　月　日

_____工程

表 8016.5 蓄电池安装质量检查表

编号：_____

分部工程名称			单元工程名称	
安装内容				
安装单位			开/完工日期	

项次		检验项目	质量要求	检验结果	检验人（签字）
一般项目	1	母线及电缆引线	（1）蓄电池室内硬母线安装，应符合 GB 50149 的规定； （2）母线平直、排列整齐、弯曲度一致，防酸蓄电池母线全长均涂刷耐酸色漆； （3）母线焊接牢固，表面光滑；引出线宜短，以减少大电流放电时压降； （4）电缆引出线有正、负性标志，正极为棕色，负极为蓝色； （5）蓄电池间的连接条电压降不大于 8 mV		
	2	阀控蓄电池本体安装	（1）连接正确、螺栓紧固； （2）不同规格、不同批次、不同厂家的蓄电池不能混用； （3）极柱干净、无灰尘； （4）单体编号贴牢、清晰； （5）应有安装后电池单体开路电压和电池组总电压记录文件		
	3	防酸蓄电池本体安装	（1）安装平稳，间距均匀，蓄电池的排列符合设计文件要求； （2）连接条及抽头接线正确，接头连接部分涂以电力复合脂，螺栓紧固； （3）用耐酸材料标明单体蓄电池编号，编号清晰、正确； （4）温度计、密度计、液面线放在易于检查的一侧		
	4	防酸蓄电池配液与注液	应符合 GB 50172 的规定		
	5	绝缘电阻检查	（1）电压为 220 V 的蓄电池组不小于 200 kΩ； （2）电压为 110 V 的蓄电池组不小于 100 kΩ； （3）电压为 48 V 的蓄电池组不小于 50 kΩ		

检查意见：

一般项目共_____项，其中符合SL 638—2013质量要求_____项，与SL 638—2013有微小出入_____项。

安装单位 评定人	（签字） 年 月 日	监理工程师	（签字） 年 月 日

表8016.6　蓄电池充放电质量检查表

编号：＿＿＿＿＿＿＿

分部工程名称			单元工程名称		
安装内容					
安装单位			开/完工日期		

项次		检验项目	质量要求	检验结果	检验人（签字）
主控项目	1	初充电	符合产品技术文件要求		
	2	阀控蓄电池组容量试验	阀控蓄电池组容量试验的恒流限压充电电流和恒流放电电流均为I_{10}，额定电压为2 V的蓄电池，放电终止电压为1.8 V；额定电压为6 V的组合式电池，放电终止电压为5.25 V；额定电压为12 V的组合蓄电池，放电终止电压为10.5 V；只要其中一个蓄电池放到了终止电压，应停止放电。在3次充放电循环之内，若达不到额定容量值的100%，此组蓄电池为不合格		
	3	防酸蓄电池组容量试验	防酸蓄电池组容量试验的恒流充电电流及恒流放电电流均为I_{10}，其中一个单体蓄电池放电终止电压到1.8 V时，应停止放电；在3次充放电循环之内，若达不到额定容量值的100%，此组蓄电池为不合格		
	4	其他	（1）初充电结束后，防酸蓄电池电解液的密度及液面高度需调整到规定值，并应再进行0.5 h的充电，使电解液混合均匀； （2）防酸蓄电池组首次放电终了时电池密度应符合产品技术条件的规定； （3）充、放电结束后，对透明槽的电池，应检查内部情况，极板不得有严重变形弯曲或活性物质严重剥落； （4）首次放电完毕后，应按产品技术要求进行充电，间隔时间不宜超过10h		

检查意见：
主控项目共＿＿＿＿＿＿＿项，其中符合SL 638—2013质量要求＿＿＿＿＿＿＿项。

安装单位评定人		监理工程师	
	（签字） 　　年　月　日		（签字） 　　年　月　日

表 8016.7　不间断电源装置(UPS)试验及运行质量检查表

编号:_____

分部工程名称				单元工程名称		
安装内容						
安装单位				开/完工日期		

项次		检验项目	质量要求	检验结果	检验人(签字)
主控项目	1	绝缘电阻	(1)UPS 额定电压不大于 60 V 绝缘电阻值大于 2 MΩ; (2)UPS 额定电压大于 60 V 绝缘电阻值大于 10 MΩ; (3)隔离变绝缘电阻值不小于 10 MΩ		
	2	启动试验	(1)按步骤操作时启动正常; (2)在无交流输入情况下,依靠蓄电池能正常启动		
	3	切换试验	符合产品技术文件要求		
	4	保护及告警	符合设计文件及产品技术文件要求		
	5	带载试验	正常带载、蓄电池带载均正常		
	6	通信	正常		
	7	接地	良好		
	8	试运行	72 h 试运行正常。检查表计、显示器指示正常,控制特性符合设计文件及产品技术文件要求,装置工作正常		
一般项目	1	面板显示	显示正常		
	2	蓄电池 安装前检查	质量要求见表 8.16.4		
		安装	质量要求见表 8.16.5		
		充放电	质量要求见表 8.16.6		

检查意见:
　　主控项目共_____项,其中符合SL 638—2013质量要求_____项。
　　一般项目共_____项,其中符合SL 638—2013质量要求_____项,与SL 638—2013有微小出入_____项。

安装单位 评定人	(签字) 年　月　日	监理工程师	(签字) 年　月　日

注:本项检查分别按表8016.4~表8016.6的要求进行将最终"检查意见"填入检验结果栏,同时将表8016.4~表8016.6作为附表提交。

表 8016.8 高频开关充电装置试验及运行质量检查表

编号：_____

分部工程名称				单元工程名称		
安装内容						
安装单位				开/完工日期		
项次	检验项目		质量要求		检验结果	检验人(签字)
主控项目	1	耐压及绝缘试验	(1)耐压时无闪络、击穿； (2)母线及各支路绝缘电阻值不小于10 MΩ			
	2	启动试验	启动正常,符合产品技术文件要求			
	3	绝缘监察及保护、告警	(1)当直流系统发生接地故障或绝缘水平下降到产品技术要求设定值时,绝缘监察装置可靠动作； (2)当直流母线电压高于产品技术要求的上限设定值或者低于下限设定值时,电压监察装置,可靠动作； (3)发生故障时,装置可靠发出告警信号			
	4	充电转换试验	符合产品技术文件要求			
	5	通信	正常			
	6	接地	良好			
	7	试运行	72 h试运行正常。检查表计、显示器指示正常,装置工作正常			
一般项目	1	面板显示	显示正常			
	2	蓄电池	安装前检查	质量要求见表8.16.4		
			安装	质量要求见表8.16.5		
			充放电	质量要求见表8.16.6		

检查意见：

主控项目共_____项,其中符合SL 638—2013质量要求_____项。

一般项目共_____项,其中符合SL 638—2013质量要求_____项,与SL 638—2013有微小出入_____项。

安装单位评定人	(签字) 年 月 日	监理工程师	(签字) 年 月 日

注：本项检查分别按表8016.4~表8016.6的要求进行将最终"检查意见"填入检验结果栏,同时将表8016.4~表8016.6作为附表提交。

_____工程

表 8017　电气照明装置安装单元工程质量验收评定表

单位工程名称			单元工程量	
分部工程名称			安装单位	
单元工程名称、部位			评定日期	
项目		检验结果		
配管及敷设	主控项目			
电气照明装置配线	主控项目			
照明配电箱安装	主控项目			
	一般项目			
灯器具安装	主控项目			
	一般项目			
安装单位自评意见		安装质量检验主控项目_____项,全部符合SL 638—2013质量要求;一般项目_____项,与SL 638—2013有微小出入的_____项,所占比率为_____%。质量要求操作试验或试运行符合SL 638—2013的要求,操作试验或试运行_____出现故障。 单元工程安装质量等级评定为:_____。 　　　　　　　　　　　　　　(签字,加盖公章)　　　　　年　月　日		
监理单位复核意见		安装质量检验主控项目_____项,全部符合SL 638—2013质量要求;一般项目_____项,与SL 638—2013有微小出入的_____项,所占比率为_____%。质量要求操作试验或试运行符合SL 638—2013的要求,操作试验或试运行_____出现故障。 单元工程安装质量等级评定为:_____。 　　　　　　　　　　　　　　(签字,加盖公章)　　　　　年　月　日		

_____工程

表 8017.1 配管及敷设质量检查表

编号：_____

分部工程名称			单元工程名称		
安装内容					
安装单位			开/完工日期		

项次		检验项目	质量要求	检验结果	检验人（签字）
主控项目	1	保护管加工	应符合 GB 50258 的规定		
	2	配管	（1）路径、位置、方式符合设计文件要求； （2）管路配置弯曲半径及弯扁度应符合 GB 50303 的规定； （3）管口平整、光滑； （4）明配管水平、垂直敷设的允许误差为 0.15%，全长偏差不应大于管内径的 1/2		
	3	接线盒安装	（1）装设位置符合设计文件要求； （2）固定（埋设）牢固、无损伤		
	4	管路连接	（1）固定均匀、合理； （2）普通螺纹钢管连接牢固，跨接接地线焊接可靠；防爆螺纹钢管连接涂电力复合脂均匀，接地跨接线可靠；钢套管连接管口对正，焊接牢固、严密；紧固螺钉连接，紧密，无松动； （3）塑料管连接胶合牢固； （4）暗配钢管与盒（箱）采用焊接连接，管口宜高出盒（箱）内壁 3~5 mm，并补涂防腐漆；明配钢管或暗配的镀锌钢管与盒（箱）连接采用锁紧螺母或护圈帽固定，用锁紧螺母固定的管端螺纹宜外露锁紧螺母 2~3 丝扣； （5）过渡式，用软管保护，管口包扎紧密；用专用接头软管，连接可靠，密封良好		
	5	其他	（1）隔离密封件填充料光滑，无龟裂； （2）管路处配合处密封良好； （3）管路及附件防腐、接地或接零符合设计文件要求		

检查意见：

主控项目共_____项，其中符合SL 638—2013质量要求_____项。

安装单位 评定人	（签字） 年 月 日	监理工程师	（签字） 年 月 日

表 8017.2　电气照明装置配线质量检查表

编号：_____

分部工程名称			单元工程名称		
安装内容					
安装单位			开/完工日期		

项次		检验项目	质量要求	检验结果	检验人（签字）
主控项目	1	导线敷设	(1) 导线无扭接、死弯和绝缘层损坏等缺陷； (2) 导线敷设平直整齐、绑扎牢固； (3) 导线连接牢固，包扎紧密，不损伤芯线； (4) 接地线连接牢固，接触良好； (5) 导线在补偿装置内的长度有适当裕量； (6) 导线间及对地的绝缘电阻值不小于 0.5 MΩ		
	2	保护管内配线	(1) 穿管绝缘导线线芯最小截面：铜芯 1 mm^2，铝芯 2.5 mm^2； (2) 管内导线无接头和扭接，绝缘无损伤； (3) 管内导线总截面不大于管截面积的 40%； (4) 接线紧固，导线绝缘电阻值不小于 0.5 MΩ		
	3	塑料护套线配线	(1) 导线无扭绞、死弯和绝缘层损伤等缺陷； (2) 敷设平直、整齐、固定牢固； (3) 线路固定点间距、水平、垂直的允许偏差，固定点间距为 ±5 mm，水平度 ±5 mm，垂直度 ±5 mm； (4) 导线应连接牢固，绑扎紧密，不损伤芯线； (5) 导线之间及对地绝缘电阻值不小于 0.5 MΩ		

检查意见：

　　主控项目共_____项，其中符合 SL 638—2013 质量要求_____项。

安装单位 评定人		监理工程师	
	（签字） 年　月　日		（签字） 年　月　日

_____工程

表 8017.3　照明配电箱安装质量检查表

编号：_____

分部工程名称				单元工程名称	
安装内容					
安装单位				开/完工日期	

项次		检验项目	质量要求	检验结果	检验人(签字)
主控项目	1	绝缘电阻	不小于0.5 MΩ		
	2	配电箱	(1)安装位置、高度符合设计文件要求； (2)配电箱安装垂直允许偏差为±3 mm；暗设的箱面板紧贴墙壁；箱体安装牢固，涂层完整； (3)配电箱上回路标志正确、清晰		
	3	配电箱内电器	(1)排列整齐,固定牢固； (2)380 V及以下电压的裸露载流部分与非绝缘金属部分间表面距离不小于20 mm		
	4	接地和接零	符合设计文件要求		
一般项目	1	各相负荷分配	符合设计文件要求		

检查意见：
　　主控项目共_____项,其中符合SL 638—2013质量要求_____项。
　　一般项目共_____项,其中符合SL 638—2013质量要求_____项,与SL 638—2013有微小出入_____项。

安装单位 评定人			监理工程师	
	(签字) 年　月　日			(签字) 年　月　日

_____工程

表 8017.4　灯器具安装质量检查表

编号：_____

分部工程名称			单元工程名称		
安装内容					
安装单位			开/完工日期		
项次	检验项目	质量要求		检验结果	检验人(签字)
主控项目 1	灯具、开关、插座安装	(1)灯具、开关、插座安装牢固,位置正确,高度符合设计文件要求。开关应切断相线。暗开关、暗插座应贴墙面; (2)同一室内安装的开关、插座允许偏差不大于 5 mm,成排安装的开关、插座允许偏差不大于 1 mm;暗开关(暗插座)垂直度小于 0.15%; (3)同一室内成排灯具安装应横平竖直,高度在同一平面;嵌入顶棚装饰灯边框在一条直线上			
2	事故照明	事故照明有专门标志及应急疏导指示			
3	36 V 及以下照明变压器安装	(1)电源侧应有短路保护,其熔丝的额定电流不应大于变压器的额定电流; (2)外壳、铁芯和低压侧的任意一端或中性点,均应接地或接零			
4	灯具金属外壳的接地	必须接地或接零的灯具金属外壳与接地(接零)网之间应有明显标志的专用接地螺钉连接牢固			
一般项目 1	灯具配件	齐全无机械损伤、变形、涂层剥落等缺陷			
2	引向每个灯具导线线芯最小截面	最小截面应符合 GB 50259 的规定			

续表 8017.4

项次		检验项目	质量要求	检验结果	检验人（签字）
一般项目	3	一般灯具及开关、插座安装	（1）同场所的交直流或不同电压的插座有明显区别，不应互相插入； （2）灯具吊杆用钢管直径不小于 10 mm，钢管壁厚度不小于 1.5 mm； （3）日光灯和高压水银灯与其附件的配套规格一致； （4）吊链灯具的灯线不应受拉力，灯线应与吊链编叉在一起； （5）金属卤化物等的电源线经接线柱连接，电源线不得靠近灯具表面，灯具与触发器和限流器必须配套使用； （6）投光灯的底座及支架固定牢固，枢轴沿需要的光轴方向拧紧固定		
	4	顶棚上灯具的安装	（1）灯具固定在专设的框架上，电源线不贴近灯具外壳； （2）矩形灯具边缘与顶棚面装修直线平行。对称安装的灯具，纵横中心轴线的偏斜度不大于 5 mm； （3）日光灯管组合的灯具，灯管排列整齐，金属或塑料间隔片无弯曲、扭斜缺陷		
	5	室外灯具安装	符合设计文件要求		
	6	密封有特殊要求的灯具	符合设计文件及产品技术文件要求		

检查意见：

主控项目共＿＿＿＿＿＿项，其中符合SL 638—2013质量要求＿＿＿＿＿＿项。

一般项目共＿＿＿＿＿＿项，其中符合SL 638—2013质量要求＿＿＿＿＿＿项，与SL 638—2013有微小出入＿＿＿＿＿＿项。

安装单位评定人	（签字） 年　月　日	监理工程师	（签字） 年　月　日

表 8018 通信系统安装单元工程质量验收评定表

单位工程名称			单元工程量	
分部工程名称			安装单位	
单元工程名称、部位			评定日期	
项目			检验结果	
通信系统一次设备安装	一般项目			
通信系统防雷接地系统安装	主控项目			
通信系统微波天线及馈线安装	主控项目			
	一般项目			
通信系统同步数字体系（SDH）传输设备安装	主控项目			
	一般项目			
通信系统载波机及微波设备安装	主控项目			
	一般项目			
通信系统脉冲编码调制设备（PCM）安装	主控项目			
程控交换机安装	主控项目			
电力数字调度交换机安装	主控项目			
站内光纤复合架空地线（OPGW）电力光缆线路安装	主控项目			
全介质自承式光缆（ADSS）电力光缆线路安装	主控项目			
	一般项目			
安装单位自评意见	安装质量检验主控项目_____项，全部符合SL 638—2013质量要求；一般项目_____项，与SL 638—2013有微小出入的_____项，所占比率为_____%。质量要求操作试验或试运行符合SL 638—2013的要求，操作试验或试运行_____出现故障。 单元工程安装质量等级评定为：_____。 （签字，加盖公章）　　　年　月　日			
监理单位复核意见	安装质量检验主控项目_____项，全部符合SL 638—2013质量要求；一般项目_____项，与SL 638—2013有微小出入的_____项，所占比率为_____%。质量要求操作试验或试运行符合SL 638—2013的要求，操作试验或试运行_____出现故障。 单元工程安装质量等级评定为：_____。 （签字，加盖公章）　　　年　月　日			

_____工程

表 8018.1 通信系统一次设备安装质量检查表

编号：_____

分部工程名称			单元工程名称	
安装内容				
安装单位			开/完工日期	

项次		检验项目	质量要求	检验结果	检验人(签字)
一般项目	1	耦合电容器安装	(1)外观检查:瓷件无损伤,耦合电容器无渗漏,法兰螺栓连接紧固,型号符合设计文件要求; (2)顶盖上紧固螺栓牢靠,引线连接良好,接地良好、牢固; (3)两节或多节耦合电容器叠装时,按制造厂的编号安装; (4)电气试验应符合 GB 50150 的规定及产品技术文件要求		
	2	阻波器安装	(1)外观检查:支柱及线圈绝缘无损伤及裂纹;线圈无变形;支柱绝缘子机器附件齐全; (2)安装前进行了频带特性及内部避雷器相应的试验; (3)三相阻波器水平度宜一致,支柱绝缘子完好,受力均匀; (4)悬式阻波器主线圈吊装时,其轴线宜对地垂直; (5)阻波器内部电容器、避雷器连接良好,固定牢靠。引下线连接良好,固定牢靠		
	3	结合滤波器安装	无损伤,安装牢固、端正,与设备连接接触良好,固定牢固		

检查意见：
　一般项目共_____项,其中符合SL 638—2013质量要求_____项,与SL 638—2013有微小出入_____项。

安装单位 评定人	(签字) 年　月　日	监理工程师	(签字) 年　月　日

_____工程

表 8018.2 通信系统防雷接地系统安装质量检查表

编号:_____

分部工程名称			单元工程名称	
安装内容				
安装单位			开/完工日期	

项次		检验项目	质量要求	检验结果	检验人（签字）
主控项目	1	通用检查	（1）通信站应采用联合接地,接地电阻小于 5 Ω; （2）通信站防雷与接地工程所使用材料的型号、规格符合设计文件要求; （3）防雷与接地系统的所有连接可靠,连接采用焊接时应符合: 1）避雷针（带）与引下线之间的连接应采用焊接或热剂焊; 2）避雷针（带）的引下线及接地装置使用的紧固件均使用镀锌制品; 3）独立避雷针的接地装置与接地网的地中距离不应小于 3 m; 4）独立避雷针（线）应设置独立的集中接地装置。当有困难时,该接地装置可与接地网连接,但避雷针与主接地网的地下连接点至 35 kV 及以下设备与主接地网的地下连接点,沿接地体的长度不得小于 15 m; 5）发电厂、变电站配电装置的构架或屋顶上的避雷针（含悬挂避雷线的构架）在其附近装设集中接地装置,并与主接地网连接		
	2	接闪器安装	（1）避雷针的数量、安装位置、避雷网的网格尺寸及避雷带的安装位置符合设计文件要求; （2）避雷针采用热镀锌圆钢或钢管焊接而成,其高度、直径符合设计文件要求; （3）避雷网或避雷带采用热镀锌圆钢或扁钢,每个焊接点可靠电气导通。焊点处经防腐处理; （4）接闪器无脱焊、折断、腐蚀现象。固定点支撑件间距均匀,固定可靠。避雷带平正顺直,跨越变形缝、伸缩缝的补偿措施及避雷带支持件间距符合设计文件要求; （5）避雷装置的地线与设备、电源的地线连接良好; （6）室外避雷装置的地线在室外单独与接地网连接,连接良好; （7）高于接闪器的金属物,与建筑物屋面的接闪器电气连接良好;接闪器上无附着其他电气线路		

续表 8018.2

项次	检验项目	质量要求	检验结果	检验人(签字)
3	引下线敷设	(1)引下线的规格、数量、安装位置及相邻两根引下线之间的距离、断接卡的设置符合设计文件要求; (2)引下线装设牢固、无急弯;引下线上无其他电气线路; (3)当利用建筑物主体钢筋和金属地板构架等作为接地引下线时,钢筋自身上、下连接点采用搭焊接,且其上端应与房顶避雷装置、下端应与接地网、中间应与各层均压网或环形接地母线焊接成电气上连通的笼式接地系统		
4	接地体(线)安装	接地体安装质量要求见表8.13.1^①		
主控项目 5	等电位连接	(1)通信站的等电位连接结构、接地汇集线、接地汇流排以及垂直接地主干线的材料、规格、安装位置符合设计文件要求; (2)各种等电位连接端子处有清晰的标识; (3)敷设在金属管内的非屏蔽电缆,其金属管电气连通,在雷电防护区交界处做等电位连接并接地; (4)楼顶的各种金属设施均分别与楼顶避雷接地线就近电气连通,在楼面敷设的各类电源线、信号线均在两端做接地处理,且每隔5~10 m与避雷带就近电气连接1次; (5)接地汇接线或接地汇流排表面无毛刺、明显伤痕、残余焊渣,安装平整端正、连接牢固,绝缘导线的绝缘层无老化龟裂现象		
6	工作及保护接地	(1)接地线在穿越墙壁、楼板和地坪处有套管保护,采用金属管时与接地线做电气连通; (2)接至通信设备或接地汇流排上的接地线,用镀锌螺栓连接,连接可靠; (3)接地线使用黄绿相间色标的铜质绝缘导线,地线成端物理连接良好、标识清晰,不应在接地线中加装开关或熔断器; (4)接地线敷设短直、整齐,无盘绕; (5)机房接地母线与接地网连接点数为2点; (6)负直流电源正极电源侧直接接地;负直流电源正极通信设备侧直接接地; (7)机房直流馈电线屏蔽层直接接地,电缆屏蔽层两端接地;铠装电缆进入机房前铠装与屏蔽同时接地; (8)设备机架接地线必须使用压接式接地端子,外连地线规格、连接方式符合设计文件要求; (9)各设备与接地母线单独直接连接,音频电缆备用线在配线架上接地		

_____工程

续表 8018.2

项次		检验项目	质量要求	检验结果	检验人（签字）
主控项目	7	天线铁塔及天线馈线接地	（1）天线铁塔各金属构件间可靠电气连通； （2）天线馈线的金属外护层在塔顶、离塔处和机房外分别做接地处理，高于60 m的铁塔在塔身中部增加接地点，机房外侧接地点经室外汇流排直接与地网连接，不应直接连接在塔身上，馈线破口处防水处理完好； （3）机房接地网与铁塔地网连接可靠		
	8	浪涌保护器（SPD）安装	（1）各级SPD的安装位置、数量、型号、SPD连接导线的型号规格、SPD两端引入线长度等符合设计文件要求； （2）SPD表面平整、光洁、无划伤、无裂痕，标志完整清晰； （3）SPD连接导线安装平直、美观、牢固、可靠； （4）连接导体相线颜色为黄、绿、红色，中性线颜色为浅蓝色，保护线颜色为绿/黄双色线； （5）SPD内置脱离器中的热熔丝、热熔线圈或热敏电阻等限流元件导通良好； （6）安装在配电系统中的SPD的最大持续工作电压（U_c）符合设计文件要求		

检查意见：
　　主控项目共_____项，其中符合SL 638—2013质量要求_____项。

安装单位评定人		监理工程师	
	（签字） 年　月　日		（签字） 年　月　日

注：本项检查按表8.13.1的要求进行，将最终"检查意见"填入检验结果栏，同时将表8.13.1"作为附表提交"。

_____工程

表 8018.3　通信系统微波天线及馈线安装质量检查表

编号：_____

分部工程名称			单元工程名称	
安装内容				
安装单位			开/完工日期	

项次		检验项目	质量要求	检验结果	检验人（签字）
主控项目	1	天线调整	（1）天线与座架连接固定牢固,不相对摆动; （2）天线方位角,仰俯角调整符合设计文件要求; （3）天线馈源的极化方向符合设计文件要求; （4）天线接收场强调测、天线焦距符合设计文件要求		
	2	微波馈线敷设	馈线弯曲半径和扭转符合设计文件要求		
	3	微波馈线连接	（1）可调节波导焊接垂直、平整牢固、焊锡均匀; （2）馈线气闭试验不大于 20 kPa,气压试验 24 h 后压力大于 5 kPa		
一般项目	1	天线安装	座架安装位置正确,安装牢固		
	2	天线调整	（1）拼装式天线主反射面组装接缝平齐、均匀; （2）喇叭辐射器防尘罩粘合牢固; （3）主反射面保护罩安装正确,受力均匀		
	3	天线馈源安装	（1）天线馈源和波导接口符合馈线走向要求; （2）天线馈源安装加固合理,不受外力; （3）天线馈源各部件连接面清洁、接触良好		

续表 8013.3

项次		检验项目	质量要求	检验结果	检验人(签字)
一般项目	4	馈线敷设	(1)馈线平直无扭曲、裂纹； (2)馈线敷设整齐美观、无交叉； (3)馈线加固受力点位置在波导法兰盘上； (4)馈线加固间距:矩形硬波导馈线2 m,圆硬波导馈线3 m,椭圆软波导馈线1~1.5 m		
	5	馈线连接	(1)可调节波导长度允许误差为±2 mm； (2)射频同轴电缆的裁截、剖头、翻边检查符合设计文件要求； (3)馈线接地检查符合设计文件要求		

检查意见:
　　主控项目共_____项,其中符合SL 638—2013质量要求_____项。
　　一般项目共_____项,其中符合SL 638—2013质量要求_____项,与SL 638—2013有微小出入_____项。

安装单位 评定人	（签字） 年　月　日	监理工程师	（签字） 年　月　日

_____工程

表 8018.4　通信系统同步数字体系(SDH)传输设备安装质量检查表

编号：_____

分部工程名称				单元工程名称		
安装内容						
安装单位				开/完工日期		
项次		检验项目	质量要求		检验结果	检验人(签字)
主控项目	1	电缆成端和保护	(1)同轴电缆连接器和线缆物理连接良好,各层开剥尺寸与电缆插头相适合; (2)同轴电缆头组装配件齐全,装配牢固; (3)屏蔽线端头处理,剖头长度一致,与同轴接线端子的外导体接触良好; (4)剖头热缩处理时热缩套管长度适中,热缩均匀			
	2	接地	(1)接地线在穿越墙壁、楼板和地坪处有套管保护,采用金属管时与接地线做电气连通; (2)接至通信设备或接地汇流排上的接地线,用镀锌螺栓连接,连接可靠; (3)接地线使用黄绿相间色标的铜质绝缘导线,地线成端物理连接良好、标识清晰,不应在接地线中加装开关或熔断器; (4)接地线敷设短直、整齐,无盘绕; (5)机房接地母线与接地网连接点数为2点; (6)负直流电源正极电源侧直接接地;负直流电源正极通信设备侧直接接地; (7)机房直流馈电线屏蔽层直接接地,电缆屏蔽层两端接地;铠装电缆进入机房前铠装与屏蔽同时接地; (8)设备机架接地线必须使用压接式接地端子,外连地线规格、连接方式符合设计文件要求; (9)各设备与接地母线单独直接连接,音频电缆备用线在配线架上接地			
	3	单机测试及功能检查	电源及设备告警功能检查、光接口检查与测试、电接口检查与测试、以太网接口检查与测试、PDH 和 ATM 等接口的检查与测试等符合设计文件及产品技术文件要求			
	4	系统性能测试及功能检查	系统误码性能测试、系统抖动性能测试、时钟选择、倒换功能检查、公务电话检查、SDH 网络自动保护倒换功能检查、环回功能检查、光通道储备电平复核、以太网透传功能检查等符合设计文件及产品技术文件要求			

续表 8018.4

项次		检验项目	质量要求	检验结果	检验人(签字)
主控项目	5	网管系统功能检查	告警挂历功能检查、故障管理功能检查、安全管理功能检查、配置管理功能检查、性能管理功能检查等符合设计文件要求		
一般项目	1	铁架安装	(1)铁架的安装位置符合设计文件要求,允许偏差为±50 mm; (2)列铁架成一直线,允许偏差为±30 mm;列间撑铁的安装符合设计文件要求; (3)铁架安装完整牢固,零件齐全,铁架间距离均匀;铁件的漆面完整无损; (4)光纤护槽的安装符合设计文件要求		
	2	机架安装	(1)机架的安装位置、固定方式符合设计文件要求; (2)机架安装端正牢固,垂直偏差不大于机架高度的1‰; (3)机架间隙不得大于3 mm,列内机面平齐,机架门开关顺畅;机架全列允许偏差为±10 mm; (4)光纤分配架(ODF)、数字配线架(DDF)端子板的位置、安装排列及各种标识符合设计文件要求。ODF架上法兰盘的安装位置正确、牢固,方向一致; (5)机架外电源线S号规格符合设计文件要求; (6)机架外联电源线颜色正负极性分开;机架外联电源线整根布放; (7)2 M接线端子配线依据2 M接口板容量全额配线; (8)机架及各种缆线标示清晰、准确、固定可靠; (9)配线架跳线环安装位置平直整齐		
	3	电缆布放	(1)缆线槽道(或走线架)安装、电缆布放路由符合设计文件要求; (2)电缆布放排列整齐,电缆弯曲半径不小于电缆直径或厚度的10倍;设备电缆与交流电源线、直流电源线、软光纤分开布放,间距大于50 mm; (3)电缆无中间接头,电缆两端出线整齐一致,预留长度满足维护要求; (4)槽道内电缆顺直,不溢出槽道,拐弯适度,电缆进出槽道绑扎整齐; (5)走道电缆捆绑牢固,松紧适度、紧密、平直、无扭绞,绑扎线扣均匀、整齐、一致,活扣扎带间距为10~20 cm; (6)架间电缆及布线的两端有明显标识,无错接、漏接。插接部件牢固,接触良好		

续表 8018.4

项次		检验项目	质量要求	检验结果	检验人(签字)
一般项目	4	光纤连接线布放	(1)光纤连接线的规格、程式、光纤连接线布放路由应符合设计文件要求; (2)光纤连接线布放在专用槽道,布放在共用槽道内的有套管保护。无套管保护部分用活扣扎带绑扎,扎带不扎得过紧; (3)光纤连接线在槽道内顺直,无明显扭绞; (4)预留光纤的盘放曲率半径不小于40mm,无扭绞		
	5	数字、UTP配线架跳线布放	(1)跳线电缆的规格、程式符合设计文件或产品技术文件要求; (2)跳线的走向、路由符合设计文件要求; (3)跳线布放顺直,捆扎牢固,松紧适度; (4)对于设备间的非屏蔽五类电缆跳线总长度不超过100m; (5)设备间的非屏蔽五类电缆跳线弯曲半径至少为电缆外径的4倍		
	6	网管设备安装	(1)网管设备的安装位置符合设计文件要求; (3)网管设备的操作终端、显示器等摆放平稳、整齐; (3)网管设备的线缆布放满足"缆线布放及成端"的相关规定		
	7	光放大器	输入/输出功率(增益)、增益平坦度、噪声系数符合设计文件要求		

检查意见:

主控项目共_____项,其中符合SL 638—2013质量要求_____项。

一般项目共_____项,其中符合SL 638—2013质量要求_____项,与SL 638—2013有微小出入_____项。

安装单位 评定人			监理工程师	
		(签字) 年 月 日		(签字) 年 月 日

表 8018.5 通信系统载波机及微波设备安装质量检查表

编号:_____

分部工程名称			单元工程名称	
安装内容				
安装单位			开/完工日期	

项次		检验项目	质量要求	检验结果	检验人(签子)
主控项目	1	子架安装	接插件接触良好		
	2	电缆成端和保护	芯线焊接端正、牢固		
一般项目	1	机架安装	(1)垂直允许误差为±3 mm; (2)机架间隙不大于3 mm; (3)机架固定牢靠		
	2	子架安装	(1)子架面板布置符合设计文件要求; (2)子架安装位置正确,排列整齐; (3)网管设备安装符合设计文件要求		
	3	光纤连接	(1)光纤编扎布线顺直,无扭绞; (2)光纤绑扎松紧适度		
	4	数字配线架跳线	整齐,带扎松紧适度		
	5	保护接口安装	接触良好		
	6	电缆成端和保护	(1)同轴电缆连接器和线缆物理连接良好,各层开剥尺寸与电缆插头相适合; (2)同轴电缆头组装配件齐全,装配牢固; (3)屏蔽线端头处理,剖头长度一致,与同轴接线端子的外导体接触良好; (4)剖头热缩处理时热缩套管长度适中,热缩均匀		

检查意见:

主控项目共_____项,其中符合SL 638—2013质量要求_____项。

一般项目共_____项,其中符合SL 638—2013质量要求_____项,与SL 638—2013有微小出入_____项。

安装单位 评定人		监理工程师	
	(签字) 年 月 日		(签字) 年 月 日

表 8018.6 通信系统脉冲编码调制设备(PCM)安装质量检查表

编号:_____

分部工程名称			单元工程名称	
安装内容				
安装单位			开/完工日期	

	项次	检验项目	质量要求	检验结果	检验人(签字)
主控项目	1	设备安装、缆线布放及成端	符合SL 638—2013表 21.2.4 的规定		
	2	单机技术指标	铃流电压测试:输出电压的测试符合产品技术文件要求		
	3	音频通道收/发电平测试	音频通道收、发电平产品技术文件要求		
	4	信令功能检查	(1)连接交换机和电话机,检查 FXO 和 FXS 接口的信令功能正常; (2)模拟发送 M 信令,检查 E 线信令接收功能正常		
	5	数据通道误码率	64K 数据通道误码测试结果符合设计文件要求		
	6	2M 通道保护倒换功能	在具有 2M 通道保护倒换的系统中,2M 通道倒换时,数据通道误码指标符合产品技术文件要求		
	7	话路时隙交叉连接功能检查	符合产品技术文件要求		
	8	网管系统检查	符合设计文件要求		

检查意见:

　　主控项目共_____项,其中符合SL 638—2013质量要求_____项。

安装单位评定人	(签字) 年 月 日	监理工程师	(签字) 年 月 日

表 8018.7　程控交换机安装质量检查表

编号：_____

分部工程名称			单元工程名称		
安装内容					
安装单位			开/完工日期		

项次		检验项目	质量要求	检验结果	检验人(签字)
主控项目	1	设备安装、缆线布放及成端	符合SL 638—2013表21.2.4的规定		
	2	系统检查测试	(1)系统初始化正常； (2)系统程序、交换数据自动/人工再装入正常； (3)系统自动/人工再启动正常； (4)系统的交换功能、系统的维护管理功能、系统的信号方式、系统告警功能等符合设计文件及产品技术文件要求		

检查意见：

主控项目共_____项，其中符合SL 638—2013质量要求_____项。

安装单位 评定人	(签字) 　年　月　日	监理工程师	(签字) 　年　月　日

表8018.8 电力数字调度交换机安装质量检查表

编号：_____

分部工程名称			单元工程名称		
安装内容					
安装单位			开/完工日期		
项次	检验项目	质量要求		检验结果	检验人(签字)
	1	合格证	电力工业通信设备质量检验测试中心入网许可证和出厂合格证		
主控项目	2	电缆成端和保护	(1)同轴电缆连接器和线缆物理连接良好,各层开剥尺寸与电缆插头相适合; (2)同轴电缆头组装配件齐全,装配牢固; (3)屏蔽线端头处理,剖头长度一致,与同轴接线端子的外导体接触良好; (4)剖头热缩处理时热缩套管长度适中,热缩均匀		
	3	机架安装	(1)机架的安装位置、固定方式符合设计文件要求; (2)机架安装端正牢固,垂直偏差不大于机架高度的1‰; (3)机架间隙不得大于3 mm,列内机面平齐,机架门开关顺畅;机架全列允许偏差为±10 mm; (4)光纤分配架(ODF)、数字配线架(DDF)端子板的位置、安装排列及各种标识符合设计文件要求;ODF架上法兰盘的安装位置正确、牢固,方向一致; (5)机架外电源线型号规格符合设计文件要求; (6)机架外联电源线颜色正负极性分开;机架外联电源线整根布放; (7)2M接线端子配线依据2M接口板容量全额配线; (8)机架及各种缆线标示清晰、准确、固定可靠; (9)配线架跳线环安装位置平直整齐		
	4	电缆布放	(1)缆线槽道(或走线架)安装、电缆布放路由符合设计文件要求; (2)电缆布放排列整齐,电缆弯曲半径不小于电缆直径或厚度的10倍;设备电缆与交流电源线、直流电源线、软光纤分开布放,间距大于50 mm; (3)电缆无中间接头,电缆两端出线整齐一致,预留长度满足维护要求; (4)槽道内电缆顺直,不溢出槽道,拐弯适度,电缆进出槽道绑扎整齐; (5)走道电缆捆绑牢固,松紧适度、紧密、平直、无扭绞,绑扎线扣均匀、整齐、一致,活扣扎带间距为10~20 cm; (6)架间电缆及布线的两端有明显标识,无错接、漏接。插接部件牢固,接触良好		

续表 8018.8

项次	检验项目	质量要求	检验结果	检验人(签字)
主控项目	5	光纤连接线布放	(1)光纤连接线的规格、程式、光纤连接线布放路由应符合设计文件要求; (2)光纤连接线布放在专用槽道,布放在共用槽道内的有套管保护。无套管保护部分用活扣扎带绑扎,扎带不扎得过紧; (3)光纤连接线在槽道内顺直,无明显扭绞; (4)预留光纤的盘放曲率半径不小于 40 mm,无扭绞		
	6	数字、UTP配线架跳线布放	(1)跳线电缆的规格、程式符合设计文件或产品技术文件要求; (2)跳线的走向、路由符合设计文件要求; (3)跳线布放顺直,捆扎牢固,松紧适度; (4)对于设备间的非屏蔽五类电缆跳线总长度不超过100 m; (5)设备间的非屏蔽五类电缆跳线弯曲半径至少为电缆外径的 4 倍		
	7	光放大器	输入/输出功率(增益)、增益平坦度、噪声系数符合设计文件要求		
	8	系统检查测试	单机特性、可靠性、系统功能等符合设计文件及产品技术文件要求		

检查意见:
    主控项目共_____项,其中符合SL 638—2013质量要求_____项。

安装单位 评定人	(签字) 年 月 日	监理工程师	(签字) 年 月 日

_____工程

表 8018.9　站内光纤复合架空地线(OPGW)电力光缆线路安装质量检查表

编号:_____

分部工程名称				单元工程名称		
安装内容						
安装单位				开/完工日期		

项次		检验项目	质量要求	检验结果	检验人(签字)
主控项目	1	引下光缆敷设	(1)引下光缆路径应符合设计文件要求; (2)引下光缆顺直美观,每隔 1.5~2 m 有个固定卡具,引下光缆弯曲半径不得小于 40 倍的光缆直径		
	2	余缆架安装	(1)余缆架固定可靠; (2)余缆盘绕整齐有序,无交叉和扭曲受力,捆绑点不少于 4 处;每条光缆盘留量应不小于光缆放至地面加 5 m		
	3	接续盒安装	(1)站内龙门架线路终端接续盒安装高度为 1.5~2 m; (2)接续盒采用帽式金属外壳,安装固定可靠、无松动,防水密封措施良好; (3)光缆光纤接续色谱对应正确; (4)远端监测接续点光纤单点双向平均熔接损耗值小于 0.05 dB		
	4	导引光缆敷设	(1)由接续盒引下的导引光缆至电缆沟地埋部分应穿热镀锌钢管保护,钢管两端做防水封堵; (2)光缆在电缆沟内部分穿管保护并分段固定,保护管外径大于 35 mm; (3)光缆在两端及沟道转弯处有明显标识,光缆敷设弯曲半径不小于缆径的 25 倍		

续表 8018.9

项次		检验项目	质量要求	检验结果	检验人(签字)
主控项目	5	光纤分配架(ODF)安装	(1)安装位置、机架固定、机架接地符合设计文件要求; (2)机架倾斜小于 3 mm,子架排列整齐,尾纤布放、固定绑扎整齐一致; (3)接续光纤盘留量不少于 500 mm,软光缆弯曲半径静态下不小于缆径的 10 倍,光纤序号排列准确无误; (4)余缆布放、固定绑扎整齐一致; (5)标识整齐、清晰、准确		
	6	全程测试	(1)单向光路衰耗双向全程测试结果、双向全程平均衰耗、光缆全程总衰耗符合设计文件要求; (2)光纤排序无误		

检查意见:
主控项目共_____项,其中符合SL 638—2013质量要求_____项。

安装单位 评定人	(签字) 年 月 日	监理工程师	(签字) 年 月 日

_____工程

表 8018.10　全介质自承式光缆(ADSS)电力光缆线路安装质量检查表

编号:_____

分部工程名称				单元工程名称		
安装内容						
安装单位				开/完工日期		
项次		检验项目	质量要求		检验结果	检验人(签字)
主控项目	1	安装	(1)起/止杆(塔)型、杆(塔)号、耐张段数/长度符合设计文件要求; (2)光缆盘号及端别正确;光缆盘长符合设计文件要求; (3)光缆与障碍物最小垂直净距离、在杆塔上的安装位置以及防震装置安装位置和数量符合设计文件要求; (4)光缆弧垂、耐张线夹、悬垂线夹应符合GB 50233 的规定; (5)螺旋减振器、防震锤、护条线、引下线夹、电晕环符合设计文件要求; (6)接续盒安装杆(塔)号、位正确、密封良好; (7)地埋部分穿管、沟道(穿管)保护、固定、建筑物内保护符合设计文件要求; (8)穿管弯曲半径不小于 25 倍缆径;管口封堵密封良好; (9)室内盘留长度及固定、余缆架、余缆盘留长度及固定符合设计文件要求		
一般项目	1	引下光缆	(1)引下光缆路径应符合设计文件要求; (2)引下光缆顺直美观,每隔 1.5~2 m 有一个固定卡具,引下光缆弯曲半径不得小于 40 倍的光缆直径		
	2	余缆架	(1)余缆架固定可靠; (2)余缆盘绕整齐有序,无交叉和扭曲受力,捆绑点不少于 4 处;每条光缆盘留量应不小于光缆放至地面加 5 m		

续表 8018.10

项次		检验项目	质量要求	检验结果	检验人(签字)
一般项目	3	接续盒	(1)站内龙门架线路终端接续盒安装高度为 1.5~2 m; (2)接续盒采用帽式金属外壳,安装固定可靠、无松动,防水密封措施良好; (3)光缆光纤接续色谱对应正确; (4)远端监测接续点光纤单点双向平均熔接损耗值小于 0.05 dB		
	4	导引光缆	(1)由接续盒引下的导引光缆至电缆沟地埋部分应穿热镀锌钢管保护,钢管两端做防水封堵; (2)光缆在电缆沟内部分穿管保护并分段固定,保护管外径大于 35 mm; (3)光缆在两端及沟道转弯处有明显标识,光缆敷设弯曲半径不小于缆径的 25 倍		
	5	光纤分配架(ODF)	(1)安装位置、机架固定、机架接地符合设计文件要求; (2)机架倾斜小于 3 mm,子架排列整齐,尾纤布放、固定绑扎整齐一致; (3)接续光纤盘留量不少于 500 mm,软光缆弯曲半径静态下不小于缆径的 10 倍,光纤序号排列准确无误; (4)余缆布放、固定绑扎整齐一致; (5)标识整齐、清晰、准确		
	6	全程测试	单向光路衰耗双向全程测试结果、双向全程平均衰耗、光缆全程总衰耗符合设计文件要求; 光纤排序无误		

检查意见:

主控项目共_____项,其中符合SL 638—2013质量要求_____项。

一般项目共_____项,其中符合SL 638—2013质量要求_____项,与SL 638—2013有微小出入_____项。

安装单位 评定人	(签字) 年 月 日	监理工程师	(签字) 年 月 日

_____工程

表 8019　起重设备电气装置安装单元工程质量验收评定表

编号:_____

单位工程名称			单元工程量	
分部工程名称			安装单位	
单元工程名称、部位			评定日期	
项目			检验结果	
外部电气设备安装	主控项目			
	一般项目			
分段供电滑接线、安全式滑接线安装	主控项目			
配线安装	一般项目			
电气设备保护装置安装	主控项目			
	一般项目			
变频调速装置安装	主控项目			
	一般项目			
电气试验	主控项目			
安装单位自评意见	安装质量检验主控项目_____项,全部符合SL 638—2013质量要求;一般项目_____项,与SL 638—2013有微小出入的_____项,所占比率为_____%。质量要求操作试验或试运行符合SL 638—2013的要求,操作试验或试运行_____出现故障。 　　单元工程安装质量等级评定为:_____。 　　　　　　　　　　　　　　　　　(签字,加盖公章)　　　年　月　日			
监理单位复核意见	安装质量检验主控项目_____项,全部符合SL 638—2013质量要求;一般项目_____项,与SL 638—2013有微小出入的_____项,所占比率为_____%。质量要求操作试验或试运行符合SL 638—2013的要求,操作试验或试运行_____出现故障。 　　单元工程安装质量等级评定为:_____。 　　　　　　　　　　　　　　　　　(签字,加盖公章)　　　年　月　日			

_____工程

表 8019.1　起重设备电气装置外部电气设备安装质量检查表

编号：_____

分部工程名称				单元工程名称	
安装内容					
安装单位			开/完工日期		
项次		检验项目	质量要求	检验结果	检验人（签字）
主控项目	1	滑接线安装	（1）接触面平正无锈蚀，导电良好； （2）额定电压为 0.5 kV 以下的滑接线，其相邻导电部分和导电部分对接地部分之间的净距不小于 30 mm； （3）起重机在终端位置时，滑接器与滑接线末端距离不小于 200 mm；固定装设的滑接线，其终端支架与滑接线末端的距离不大于 800 mm； （4）滑接线平直、固定牢固；连接处平滑，其高低差小于 0.5 mm，滑接线之间的距离一致，其中心线与起重机轨道的实际中心线保持平行，最大偏差为±10 mm；滑接线之间的水平允许偏差或垂直允许偏差±10 mm； （5）伸缩补偿装置安装符合设计文件要求； （6）分段供电滑接线、安全式滑接线安装质量标准除符合上述规定外，尚应符合下列规定： 1）分段供电滑接线应满足： 各分段电源允许并联运行时，分段间隙应为 20 mm；不允许并联运行时，分段间隙比滑接器与滑接线接触长度大 40 mm；3 kV 滑接线符合设计文件要求； 不允许并联运行的滑接线间隙处，托板与滑接线的接触面在同一水平面上； 滑接线分段间隙的两侧相位一致。 2）安全式滑接线应满足： 连接平直，支架夹安装牢固，各支架夹之间的距离小于 3 m； 支架的安装，当设计无规定时，宜焊接在轨道下的垫板上；当固定在其他地方时，做好接地连接，接地电阻值小于 4 Ω； 绝缘护套完好，无裂纹及破损		

续表 8019.1

项次		检验项目	质量要求	检验结果	检验人(签字)
主控项目	2	滑接器安装	(1)支架固定牢靠,绝缘子和绝缘衬垫无裂纹、破损,导电部分对地绝缘良好,相间及对地距离应符合 GB 50256 的规定; (2)滑接器沿滑接线全长可靠接触并有适当压力,滑动自如; (3)滑接器与滑接线的接触面平整、光滑、无锈蚀,压紧弹簧压力符合设计文件要求; (4)槽型滑接器与可调滑杆间移动灵活; (5)自由悬吊滑接线的轮型滑接器高出滑接线中间托架不小于 10 mm; (6)桥式起重机滑接器中心线与滑接线的中心线对正,沿滑接线全长任何位置的允许偏差为±15 mm		
一般项目	1	绝缘子及支架安装	(1)绝缘子、绝缘套管无机械损伤及缺陷,表面清洁,绝缘性能良好;绝缘子与支架和滑接线的钢固定件之间加设红钢纸垫片; (2)支架安装平正牢固,间距均匀,并在同一水平面或垂直面上;支架不应安装在建筑物伸缩缝和轨道梁结合处		
	2	滑接线伸缩补偿装置安装	(1)伸缩补偿装置安装在与建筑物伸缩缝距离最近的支架上; (2)在伸缩补偿装置处,滑接线留有 10~20 mm 的间隙,间隙两端的滑接线端头加工圆滑,接触面安装在同一水平面上,其两端间高差不大于 1 mm; (3)伸缩补偿装置间隙的两侧,有滑接线支持点,支持点与间隙的距离,不宜大于 150 mm; (4)间隙两侧的滑接线,采用软导线跨越并留有裕量		
	3	滑接线连接	(1)有足够机械强度,且无明显变形; (2)接头处的接触面平正光滑,其高差不大于 0.5 mm,连接后高出部分修整平正; (3)导线与滑接线连接时,滑接线接头处应镀锡或加焊有电镀层的接线板		

续表 8019.1

项次		检验项目	质量要求	检验结果	检验人(签字)
一般项目	4	悬吊式软电缆安装	(1)悬挂装置的电缆夹与软电缆可靠固定,电缆夹间的距离不宜大于 5 m; (2)软电缆悬挂装置沿滑道移动灵活、无跳动、卡阻; (3)软电缆移动段的长度,比起重机移动距离长 15%~20%,并加装牵引绳,牵引绳长度短于软电缆移动段的长度; (4)软电缆移动部分两端,分别与起重机、钢索或型钢滑道牢固固定		
	5	卷筒式软电缆安装	(1)起重机移动时,不应挤压软电缆; (2)安装后软电缆与卷筒应保持适当拉力,但卷筒不得自由转动; (3)卷筒的放缆和收缆速度,应与起重机移动速度一致;利用重砣调节卷筒时,电缆长度和重砣的行程应相适应; (4)起重机放缆到终端时,卷筒上应保留两圈以上的电缆		
	6	软电缆吊索和自由悬吊滑接线安装	(1)终端固定装置和拉紧装置的机械强度,应符合设计文件要求; (2)当滑接线和吊索长度不大于 25 m 时,终端拉紧装置的调节余量不应小于 0.1 m;当滑接线和吊索长度大于 25 m 时,终端拉紧装置的调节余量不应小于 0.2 m; (3)滑接线或吊索拉紧时的弛度允许偏差为±20 mm; (4)滑接线与终端装置之间的绝缘可靠		

检查意见:

主控项目共_____项,其中符合SL 638—2013质量要求_____项。

一般项目共_____项,其中符合SL 638—2013质量要求_____项,与SL 638—2013有微小出入_____项。

安装单位 评定人	(签字) 年 月 日	监理工程师	(签字) 年 月 日

表 8019.2　分段供电滑接线、安全式滑接线安装质量检查表

编号：_____

分部工程名称			单元工程名称	
安装内容				
安装单位			开/完工日期	

项次		检验项目	质量要求	检验结果	检验人（签字）
主控项目	1	分段供电滑接线	（1）各分段电源允许并联运行时，分段间隙应为 20 mm；不允许并联运行时，分段间隙比滑接器与滑接线接触长度大 40 mm；3 kV 滑接线符合设计文件要求； （2）不允许并联运行的滑接线间隙处，托板与滑接线的接触面在同一水平面上； （3）滑接线分段间隙的两侧相位一致		
	2	安全式滑接线	（1）连接平直，支架夹安装牢固，各支架夹之间的距离小于 3 m； （2）支架的安装，当设计无规定时，宜焊接在轨道下的垫板上；当固定在其他地方时，做好接地连接，接地电阻值小于 4 Ω； （3）绝缘护套完好，无裂纹及破损； （4）滑接器拉簧完好灵活，耐磨石墨片与滑接线可靠接触，滑动时不跳弧		

检查意见：

　　主控项目共_____项，其中符合SL 638—2013质量要求_____项。

安装单位 评定人			监理工程师	
	（签字） 年　月　日			（签字） 年　月　日

_____工程

表 8019.3 起重设备电气装置配线安装质量检查表

编号：_____

分部工程名称			单元工程名称	
安装内容				
安装单位			开/完工日期	

项次		检验项目	质量要求	检验结果	检验人(签字)
主控项目	1	配线	（1）配线排列整齐,接线紧固,接线编号清晰、正确; （2）在易受机械损伤、热辐射或有润滑油滴落部位,电线或电缆应装于钢管、线槽、保护罩内或采取隔热保护措施; （3）电线或电缆穿过钢结构的孔洞处,孔洞无毛刺并采取保护措施		
	2	电缆敷设	（1）电缆排列整齐,不宜交叉;强电与弱电电缆宜分开敷设,电缆两端标牌齐全、正确; （2）固定敷设的电缆卡固良好,支持点距离不大于1 m; （3）固定敷设的电缆弯曲半径大于电缆外径的5倍;移动敷设的电缆弯曲半径大于电缆外径的8倍		
	3	电线管、线槽敷设	（1）电线管、线槽固定牢固; （2）起重机安装在露天时,敷设的钢管管口向下或有其他防水措施; （3）起重机上安装的所有电线管管口应加装护口套; （4）线槽敷设应符合电线或电缆敷设的要求,电线或电缆的进出口处,采取保护措施		

检查意见：

　　主控项目共_____项,其中符合SL 638—2013质量要求_____项。

安装单位 评定人		（签字） 年　月　日	监理工程师	（签字） 年　月　日

_____工程

表 8019.4　起重设备电气设备保护装置安装质量检查表

编号：_____

分部工程名称				单元工程名称		
安装内容						
安装单位				开/完工日期		
项次		检验项目	质量要求	检验结果		检验人(签字)
主控项目	1	配电盘、柜	(1)配电盘、柜的安装,应符合 GB 50171 的规定,电气设备的接线正确,电气回路动作正常; (2)配电盘、柜的安装采用螺栓紧固并有防松措施,不应焊接固定; (3)户外式起重设备配电盘、柜的防雨装置安装正确、牢固; (4)低压电器的安装应符合 GB 50254 的规定			
一般项目	1	电阻器	(1)电阻器直接叠装不应超过 4 箱.当超过 4 箱时应采用支架固定,并保持适当间距;当超过 6 箱时另列一组; (2)电阻器的盖板或保护罩安装正确,固定可靠			
	2	制动装置	(1)处于非制动状态时,闸带、闸瓦与闸轮的间隙均匀,且无摩擦; (2)制动装置动作迅速、准确、可靠; (3)当起重设备的某一机构是由两组在机械上互不联系的电动机驱动时,其制动装置的动作时间一致			
	3	行程限位开关、撞杆	(1)起重设备行程限位开关动作正确; (2)撞杆安装牢固,撞杆宽度、长度满足设计文件要求,并保证行程限位开关可靠动作			
	4	控制器	(1)控制器的安装位置,便于操作和维修; (2)操作手柄或手轮的安装高度,便于操作与监视,操作方向宜与机构运行的方向一致			

工程

续表 8019.4

项次		检验项目	质量要求	检验结果	检验人(签字)
一般项目	5	照明装置	(1)起重设备主断路器切断电源后,照明不应断电; (2)灯具配件齐全,悬挂牢固,运行时灯具无剧烈摆动; (3)照明回路应设置专用零线或隔离变压器; (4)安全变压器或隔离变压器安装牢固,绝缘良好		
	6	保护装置	(1)当起重设备的某一机构是由两组在机械上互不联系的电动机驱动时,两台电动机有同步运行和同时断电的保护装置; (2)防止桥架扭斜的联锁保护装置灵敏可靠; (3)信号正确、可靠		
	7	起重量限制器调试	(1)起重限制器综合误差不大于8%; (2)当载荷达到额定起重量的90%时,限制器应能发出提示性报警信号; (3)当载荷达到额定起重量的110%时,限制器应能自动切断起升机构电动机电源,并发出禁止性报警信号		

检查意见:
　　主控项目共_____项,其中符合SL 638—2013质量要求_____项。
　　一般项目共_____项,其中符合SL 638—2013质量要求_____项,与SL 638—2013有微小出入_____项。

安装单位 评定人	(签字) 年 月 日	监理工程师	(签字) 年 月 日

_____工程

表 8019.5　起重设备电气装置变频调速装置安装质量检查表

编号：_____

分部工程名称			单元工程名称	
安装内容				
安装单位			开/完工日期	

项次		检验项目	质量要求	检验结果	检验人(签字)
主控项目	1	回路绝缘试验	主回路绝缘电阻值大于 5 MΩ,控制回路绝缘电阻值大于 1 MΩ		
	2	运行参数设置	符合设计文件要求		
	3	回路检查	(1)主回路接线牢固,开关动作灵活,触点接触可靠; (2)主回路、控制回路电压符合设计文件或产品技术文件要求; (3)控制电缆屏蔽层一端可靠接地; (4)控制回路动作正确可靠		
	4	操动试验	动作可靠,信号指示正确		
	5	转速调整、带负载工况	符合设计文件要求		
	6	接地	经变频器接地端子可靠接地,接地电阻值不大于 10 Ω		
一般项目	1	变频器安装位置	安装位置符合设计或产品技术文件要求,变频器在金属支架上用螺栓固定牢固		
	2	制动用放电电阻器安装	固定在金属板上,散热空间符合产品技术文件要求		
	3	变频器接线	正确、牢固		
	4	阻尼器和变频器间连接	连接正确;盘外连接时 2 根导线绞在一起,导线长度不大于 5 m		
	5	各部件检查	无异常音响、发热现象		
	6	电阻元件及变频器温升	符合设计文件或产品技术文件要求		
	7	通风及冷却系统	风机运转良好,风道清洁无堵塞		
	8	盘内照明、音响信号装置	灯具及门开关工作良好;音响信号正确、清晰、可靠		

检查意见：

　　主控项目共_____项,其中符合SL 638—2013质量要求_____项。

　　一般项目共_____项,其中符合SL 638—2013质量要求_____项,与SL 638—2013有微小出入_____项。

安装单位 评定人	(签字) 年　月　日	监理工程师	(签字) 年　月　日

_____工程

表 8019.6　起重设备电气装置电气试验质量检查表

编号：_____

分部工程名称				单元工程名称	
安装内容					
安装单位				开/完工日期	

项次		检验项目	质量要求	检验结果	检验人(签字)
主控项目	1	绝缘电阻测量	(1)低压电气设备的绝缘电阻值大于0.5 MΩ； (2)配电装置及馈电线路的绝缘电阻值大于0.5 MΩ； (3)滑接线各相间及对地的绝缘电阻值大于0.5 MΩ； (4)二次回路的绝缘电阻值大于1 MΩ		
	2	交流耐压试验	动力配电盘和二次回路均应进行交流耐压试验,试验电压为1 000 V,时间1 min,无异常		

检查意见：

主控项目共_____项,其中符合SL 638—2013质量要求_____项。

安装单位 评定人		监理工程师	
	(签字) 年　月　日		(签字) 年　月　日

表 8020　架空线路与杆上设备安装单元工程质量验收评定表

单位工程名称			单元工程量	
分部工程名称			安装单位	
单元工程名称、部位			评定日期	
项目			检验结果	
架空线路与杆上设备安装		主控项目		
		一般项目		
电气设备试运行				
安装单位自评意见		安装质量检验主控项目_____项,全部符合相关质量要求;一般项目_____项,与相关质量要求有微小出入的_____项,所占比率为_____%。质量要求操作试验或试运行符合设计和规范要求,操作试验或试运行中_____出现故障。 　　单元工程安装质量等级评定为:_____。 （签字,加盖公章）　　　年　月　日		
监理单位复核意见		安装质量检验主控项目_____项,全部符合相关质量要求;一般项目_____项,与相关质量要求有微小出入的_____项,所占比率为_____%。质量要求操作试验或试运行符合设计和规范要求,操作试验或试运行中_____出现故障。 　　单元工程安装质量等级评定为:_____。 （签字,加盖公章）　　　年　月　日		

注:依据 GB 50147、GB 50147、GB 50148、GB 50149、GB 50150、GB 50173

_____工程

表 8020.1 架空线路与杆上设备安装质量检查表

编号：_____

分部工程名称				单元工程名称	
安装内容					
安装单位				开/完工日期	
项次		检验项目	质量要求	检验结果	检验人（签字）
主控项目	1	电气交接试验	符合 GB 50150 要求		
	2	相位	各相两侧一致		
	3	带电部分对地及相间距离	符合 GB 50149 要求		
	4	导线架设	符合 GB 50173 要求		
	5	变压器安装	（1）变压器平台水平偏差≤1%台架根开，牢固可靠； （2）引线排列整齐，安装牢固； （3）符合 GB 50148 要求		
	6	跌落式熔断器安装	（1）两侧引线整齐牢固，接触点紧密； （2）符合 GB 50147、GB 50173 要求		
	7	断路器和负荷开关安装	（1）水平倾斜≤1%托架长度； （2）引线连接紧密，绑扎连接的搭接长度≥150 mm； （3）外壳干净，无漏油现象，气压不低于规定值； （4）操作灵活，分合闸位置指示正确； （5）符合 GB 50147、GB 50173 要求		

_____工程

续表 8020.1

项次		检验项目	质量要求	检验结果	检验人(签字)
主控项目	8	避雷器安装	(1)引线整齐、顺直; (2)符合 GB 50147、GB 50173 要求		
	9	隔离开关安装	(1)分闸时触头间净距或拉开角度符合产品技术要求; (2)符合 GB 50147、GB 50173 要求		
	10	冲击试验	以额定电压对线路冲击 3 次,无异常		
	11	接地	牢固、可靠,符合设计和 GB 50173 要求		
一般项目	1	外观	完整无缺损		
	2	杆塔组立及拉线安装	符合 GB 50173 要求		
	3	线路架设前检查	导线、金具、瓷件等器材规格、型号符合设计要求		

检查意见:
　　主控项目共_____项,其中符合相关质量要求_____项。
　　一般项目共_____项,其中符合相关质量要求_____项,与相关质量要求有微小出入_____项。

安装单位 评定人	(签字) 年 月 日	监理工程师	(签字) 年 月 日

_____工程

表8020.2 电气设备试运行质量检查表

编号：_____

分部工程名称			单元工程名称	
安装内容				
安装单位			开/完工日期	

项次	检验项目	质量要求	检验结果	检验人（签字）
1	高压输电线路	已通过验收，运行正常		
2	组合开关与断路器	符合设计和规范要求，气体压力正常，开关动作正常		
3	隔离开关、互感器、避雷器等独立设备	符合设计和规范要求，开关动作正常，工作正常		
4	主变压器	符合设计和规范要求，电流、电压正常，温升、声响正常		
5	所用、站用变压器	符合设计和规范要求，电流、电压正常，温升、声响正常		
6	35 kV 高压开关柜	符合设计和规范要求，开关动作正常，表计指示正常		
7	10 kV（6 kV）高压开关柜	符合设计和规范要求，开关动作正常，表计指示正常		
8	母线与高压电缆	符合设计和规范要求，温度正常		

续表 8020.2

项次	检验项目	质量要求	检验结果	检验人(签字)
9	低压开关柜	符合设计和规范要求,开关动作正常,表计指示正常		
10	低压动力电缆	符合设计和规范要求,电缆温度正常		
11	直流成套装置	符合设计和规范要求,充电工作正常,电压稳定		
12	励磁成套装置	符合设计和规范要求,满足电机运行要求,自动调节功能正常,无异常发热		
13	变频调速装置	符合设计和规范要求,满足电机运行要求,自动调节功能正常,无异常发热		
14	就地动力和控制盘柜	符合设计和规范要求,运行正常		
15	控制保护装置	符合设计和规范要求,控制正确,保护可靠		
16	安全防护设施和标识	符合设计和规范要求,防护设施完好,警示标识齐全		

检查意见:
电气设备试运行正常,符合设计和规范要求,且_____。

安装单位评定人	(签字) 年 月 日	监理工程师	(签字) 年 月 日

_____工程

表 8021　柴油发电机组安装单元工程质量验收评定表

单位工程名称			单元工程量	
分部工程名称			安装单位	
单元工程名称、部位			评定日期	
项目			检验结果	
柴油发电机组安装	主控项目			
	一般项目			
安装单位自评意见		安装质量检验主控项目_____项,全部符合相关质量要求;一般项目_____项,与相关质量要求有微小出入的_____项,所占比率为_____%。质量要求操作试验或试运行符合设计和规范要求,操作试验或试运行中_____出现故障。 　　单元工程安装质量等级评定为:_____。 　　　　　　　　　　　　　　　　　(签字,加盖公章)　　　年　月　日		
监理单位复核意见		安装质量检验主控项目_____项,全部符合相关质量要求;一般项目_____项,与相关质量要求有微小出入的_____项,所占比率为_____%。质量要求操作试验或试运行符合设计和规范要求,操作试验或试运行中_____出现故障。 　　单元工程安装质量等级评定为:_____。 　　　　　　　　　　　　　　　　　(签字,加盖公章)　　　年　月　日		

表 8021.1 柴油发电机组安装质量检查表

编号：_____

分部工程名称			单元工程名称		
安装内容					
安装单位			开/完工日期	年 月 日至 年 月 日	
项次	检验项目	质量要求	检验结果	检验人（签字）	

项次		检验项目	质量要求	检验结果	检验人（签字）
主控项目	1	定子回路绝缘电阻	≥0.5 MΩ		
	2	定子回路直流电阻	直流电阻值相间差值不大于最小值的 2%		
	3	转子回路绝缘电阻	≥0.5 MΩ		
	4	馈电线路绝缘电阻	馈电线路的相间、对地绝缘电阻值 ≥0.5 MΩ		
	5	相序	与原供电系统的相序一致		
	6	接地	（1）中性点接地符合设计要求； （2）基础及本体接地符合 50169 要求		

_____工程

续表 8021.1

项次		检验项目	质量要求	检验结果	检验人（签字）
一般项目	1	性能	（1）输出功率和调速特性符合设计和规范要求； （2）机组连续运行 12 h 无故障,无异常发热、声响		
	2	机组基础及位置	符合设计要求		
	3	控制柜	(1)接线正确； (2)开关、保护装置动作正常； (3)出厂试验的锁定标识无位移		
	4	受电侧配电柜	开关、自动手动切换装置、保护装置等动作正常		
	5	蓄电池安装	连接正确、可靠		
	6	油箱安装	固定牢固,管路连接良好		
	7	外观	无损伤,油漆无剥落,无渗漏油		

检查意见：

主控项目共_____项,其中符合相关质量要求_____项。

一般项目共_____项,其中符合相关质量要求_____项,与相关质量要求有微小出入_____项。

安装单位评定人	（签字） 年　月　日	监理工程师	（签字） 年　月　日